ROWOHLT
BERLIN

Jeff Goodell

Cyberdieb und Samurai

Ein wahrer Internet-Thriller

Aus dem Amerikanischen von
Renée Zucker und Tom Sperlich

Rowohlt · Berlin

Die amerikanische Originalausgabe erschien 1996 unter dem Titel
«The Cyberthief and the Samurai» by Dell Publishing
Copyright © by Jeff Goodell.
All rights reserved. Published by arrangement with Dell Publishing,
a division of Bantam Doubleday Dell Publishing Group Inc.,
New York, New York, U.S.A.
Redaktion Annette Vogler
Umschlaggestaltung Walter Hellmann
(Fotos: Tsutomu Shimomura; überführter Computerhacker
Kevin Mitnick; Seba Press/SYGMA; J. Bounds – RNO)

1. Auflage September 1996
Copyright © by Rowohlt · Berlin Verlag GmbH, Berlin
Alle deutschen Rechte vorbehalten
Satz Times Ten PostScript QuarkXPress 3.31
Gesamtherstellung Clausen & Bosse, Leck
Printed in Germany
ISBN 3 87134 277 7

Inhalt

Vorwort 9
Auf der Flucht 13
In flagranti 31
Verfolgungsjagd 77
Auftritt des Samurai 145
Satisfaktion 201
Danksagung 215

Selbst Paranoide haben Feinde.
DELMORE SCHWARTZ

Vorwort

Am 16. Februar 1995 wurde der Cyberspace zum Hollywood-Spektakel. An diesem Morgen lautete die Überschrift des linken Kastens auf der ersten Seite der *New York Times* – ein Platz, der traditionell der zweitwichtigsten Story des Tages gewidmet ist – «Meistgesuchter Cyberdieb im eigenen Netz gefangen». Daneben ein Foto des Cyberdiebs, Kevin Mitnick. Fett und aufgedunsen, Brille, dunkle Haare – das Bild eines Deppen, der auf die schiefe Bahn geraten war.

Als Kontrast dazu der Mann, der ihn geschnappt hatte, Tsutomu Shimomura, dessen Foto im Innenteil erschien – er sah schelmisch und exotisch aus. Langes dunkles Haar floß über seine schmalen Schultern. Kluge, leicht verrückte Augen. Das Bild eines Samurai-Kriegers.

Der extreme Unterschied dieser zwei Charaktere setzte sich in dem Artikel fort. John Markoff, Topreporter für neue Technologien bei der *New York Times*, hatte ihn im klassischen *New-York-Times*-Stil geschrieben: kühl, faktenreich, kompetent. Aber die Story war nach dem Muster eines Hollywood-Western gestrickt: als das Cyberduell zweier Archetypen, ein Märchen von Verfolgung und mysteriösen Computereinbrüchen, von Handys und digitaler Schnüffelei.

Es war mehr als nur eine tolle Geschichte. Sie traf genau die wachsende Furcht vor High-Tech-Kriminalität und Computerspionage. Die Maschinen, die Amerikas Wirtschaft am Laufen hielten, waren im letzten Jahrzehnt digitalisiert worden: Von der Wall Street bis zum Billig-Markt wurden die täglichen Transaktionen und Geschäfte immer häufiger von Computern und elektronischen Netzwerken getätigt und kontrolliert. Je mehr wertvolle Informationen on-line gingen, um so größer wurde auch das

Risiko, daß sie mißbraucht oder gestohlen werden konnten. Fünfzehn Jahre zuvor hatte ein eigensinniger Hacker bestenfalls ein paar Universitätsleute belästigen können. Nun war es durchaus denkbar, daß er ein ganzes Land lahmlegte.

Tatsächlich aber sind die Zeiten des digitalen Desperados vorbei, in denen man free und easy an der elektronischen «frontier» entlangstreifen konnte. 1995 war der Cyberspace bereits ein ziemlich zivilisierter Raum: es gab Digicash und Cyberbabes, Netz-Stars und Schwätzchen über Haustiere, elektronische Aids-Quilts und digitale Ahnentafeln. Die elektronische «frontier» ähnelte immer stärker dem wirklichen Leben. Hartnäckig wurde an demokratischen Werten festgehalten. Die Computer-Networks nahmen den einstmals wenigen die Macht über die Medien aus der Hand und gaben sie in die Hände von vielen. Ohne daß irgendwelche Anzeichen einer Veränderung der menschlichen Natur zu erkennen gewesen wären. Auch on-line hatten die Menschen die gleichen Sehnsüchte und Emotionen, litten unter den gleichen sozialen Problemen und fochten die gleichen kulturellen Kämpfe aus. Und es gab weiterhin den Hunger nach Helden und Schurken.

Kevin und Tsutomu paßten wunderbar in dieses Muster. Man brauchte sich nur die Fotos anzugucken und wußte gleich, daß Kevin der Böse war. Im ersten Abschnitt des *New-York-Times*-Artikels wurde er beschrieben als «31jähriger Computerexperte, der wegen einer Latte krimineller Delikte angeklagt ist, unter anderem des Diebstahls von Tausenden von Dateien und nicht zuletzt von mindestens 20000 Kreditkartennummern». (Ein paar Abschnitte weiter wurde erwähnt, daß es keinerlei Beweise dafür gäbe, daß Kevin diese Nummern jemals benutzt hätte.) Abgesehen davon, daß er Tausende von Megabytes irgendwelcher Markensoftware geklaut habe, behauptete die Zeitung, daß Kevin 1982 in den Computer der North American Air Defense (NORAD) eingedrungen sei. Wie er in diesen Computer reinkommen konnte oder was er dort gewollt haben könnte – ob er vor seinen Freunden angeben oder eine Rakete starten wollte –, wurde nicht erwähnt. Er war einfach ein gefährlicher Virus, ein satanisches Genie, das via globales Internet durch die Welt zog. «Er ist wohl der meistgesuchte Hacker der Welt», wurde ein Staatsanwalt aus San Francisco zitiert. «Er hatte wahrscheinlich Zugang zu Geschäftsgeheimnissen, die Millionen von Dollar wert sind. Er war eine große Bedrohung.»

Tsutomu hingegen entzog sich jeglicher Kategorisierung. In den Fluren des San Diego Supercomputer Center, wo Tsutomu arbeitete, spekulierte man darüber, wer wohl seinen Part im Film spielen würde. «Vielleicht Keanu Reeves, wenn er sich die Haare wachsen läßt – aber vielleicht besteht Tsutomu auch auf einem asiatischen Schauspieler», grübelte einer der Manager einen Tag nach Erscheinen der Story. Einmal auf die verschlafenen Seiten der *New York Times* gerutscht, war Tsutomu plötzlich der angesagte Held. Er war der Zauberer aller Zauberer, ein netter, sanfter Wissenschaftler, der einfach ein nettes, sanftes Leben in seinem Strandhäuschen geführt hatte, bis irgendein Idiot in seinen Computer einbrach. Da war Tsutomu natürlich gezwungen, seine persönliche Ehre und das öffentliche Gut zu verteidigen. Über mehrere Wochen hinweg, mit Hilfe von irgendwelchem Dingsbums und selbstgebastelter Software zum Hackerfangen, schaffte Tsutomu, was den Gesetzeshütern bis dahin nicht gelungen war: er brachte Kevin hinter Gitter, wo er schließlich auch hingehörte.

Es war einfach eine unwiderstehliche Story, die unsere tiefsten Ängste berührte, vor jener technologischen Revolution, die unser aller Leben und Arbeiten so unsicher macht.

Aber war alles wirklich so simpel?

Auf der Flucht

1 Irgendwas war im Busch. Im späten Dezember des Jahres 1992 wurde Ed Loveless, ein leitender Untersuchungsbeamter des Department of Motor Vehicles (DMV) in Sacramento gewarnt, daß irgend jemand unautorisiert den Zugangscode des DMV benutzte, um Informationen aus den DMV-Computern abzurufen. Was die Unbekannten wollten, war ein sogenanntes Soundex, ein Dokument, das unter anderem Foto, Fingerabdruck, Führerscheinnummer sowie die Adresse einer Person enthält.

Eigentlich nichts Ungewöhnliches für Loveless, einen grauhaarigen Veteran, der praktisch jede Art von Betrug und miesen Machenschaften erlebt hatte, die die Menschheit kennt. Er hatte reichlich Erfahrung mit Leuten, die versuchten, in den DMV-Computern herumzuschnüffeln – oftmals ein schurkischer Cop oder ein Privatdetektiv, der persönliche Informationen an Inkassounternehmen oder verärgerte Ex-Ehefrauen verkaufte.

Wie gewöhnlich überprüfte er als erstes die von dem Eindringling hinterlassene Rückrufnummer: sie war abgemeldet. Dann überprüfte Loveless die Nummer, wohin die Soundexe gefaxt wurden – es stellte sich heraus, daß es die von einem Kinko's Copy Center am Ventura Boulevard in Studio City war.

Aber das hier war schon irre. Loveless nahm eine kleine Überprüfung der IDs vor, die den Eindringling interessierten, und stellte überrascht fest, daß sich darunter ein FBI-Agent und ein berüchtigter Computer-Hacker namens Justin Petersen befanden, der zu dieser Zeit das Pseudonym «Eric Heinz» benutzte. Loveless kontaktierte das FBI, das alles über Justin Petersen wußte und der Meinung war, daß es sich nicht um einen korrupten

Polizisten handelte, der mit den Zugangscodes des DMV herummurkste, sondern um einen anderen Hacker.

Deshalb stellte Loveless an Heiligabend eine Falle auf. Als der Eindringling wieder anrief, um sich ein neues Soundex faxen zu lassen, rief er Shirley Lessiak an, eine DMV-Untersuchungsbeamtin in Los Angeles. Die DMV hat ihre eigenen Polizeikräfte, die sich von Führerscheinfälschungen bis zum Zurückstellen von Kilometerzählern um alles kümmern. Da dieser Fall den Mißbrauch eines DMV-Rechners und der Zugangscodes betraf, wurde er von der Abteilung Innere Angelegenheiten behandelt, zu der Lessiak seit ein paar Monaten gehörte. Loveless erklärte ihr die Situation, und sie dachten sich folgenden Plan aus: Lessiak sollte das Kinko's in Studio City überwachen. Loveless sollte ein Fax an den Laden schicken – so, wie es der Eindringling verlangte – nur, daß es ein Soundex von einem Hans Mustermann sein würde. Kam der Eindringling in den Laden, sollte Lessiak ihn schnappen.

Lessiak war von dem Auftrag nicht gerade begeistert. Immerhin war es Heiligabend, und sie hatte gehofft, frühzeitig nach Hause zu ihren Freunden und der Familie zu kommen. Aber die Pflicht rief. Und obwohl die Überwachung wohl kaum das ganz große Ding sein würde, wäre es doch tollkühn gewesen, alleine dorthin zu gehen. Sie fragte im Büro herum, aber wegen der Feiertage fand sie niemanden, der sie begleitet hätte. Schließlich erreichte sie über Polizeifunk einen alten Freund namens Cary Shore, ebenfalls DMV-Untersuchungsbeamter. Vor Jahren hatten beide zusammen in der Funkzentrale der California Highway Patrol gearbeitet. Er war damit einverstanden, sie um ein Uhr morgens bei Kinko's zu treffen.

Lessiak und Shore gaben ein seltsames Paar ab. Lessiak ist eine attraktive, athletische Brünette, 38 Jahre alt. Sie trug Hosen zu flachen Schuhen und verströmte einen Hauch cooler Professionalität. Shore ist ein großer, massiger Typ, mit etwas weniger diszipliniertem Auftreten. Als sie bei Kinko's ankamen, trafen sie einen FBI-Agenten, der ihnen zur Hand gehen sollte.

Sie nahmen den Geschäftsführer von Kinko's zur Seite und erzählten ihm von dem Dummy-Fax, das vom DMV-Büro in Sacramento kommen würde, und daß sie den Abholer befragen und wahrscheinlich verhaften würden. Der Geschäftsführer hatte lediglich eine Bitte: mit der Verhaftung zu warten, bis der Verdächtige den Laden verlassen hatte. Lessiak stimmte zu – das war ihr erster Fehler an diesem Nachmittag, und einer, den sie für die nächsten Jahre bereuen sollte. Sie vereinbarten mit dem Angestellten hinter dem Fax-Tresen, daß er ihr ein Zeichen geben solle, wenn die Person eintraf, um das DMV-Fax abzuholen – «Schauen Sie nur kurz hoch, und machen Sie mich aufmerksam», sagte Lessiak. Er wirkte zwar nervös, aber bereitwillig.

Alles war geregelt, und so richteten sich Lessiak und Shore im Desktop-Publishing-Bereich von Kinko's ein, der direkt gegenüber dem Fax-Center lag. Auf diese Weise konnten sie so tun, als seien sie mit den Computern beschäftigt, während sie den Angestellten am Tresen im Auge behielten. Nach etwa einer Stunde entschied der FBI-Agent, daß er genug hätte. Er wollte sich Weihnachten nicht verderben lassen, nur um einen Hacker zu schnappen. Gegen Mittag nickte er ein freundliches «Auf Wiedersehen» und machte sich davon.

Eine weitere Stunde verging. Lessiak und Shore unterhielten sich, malten Kringel und gingen abwechselnd aufs Klo. Sie warfen sich Blicke zu, die sagten: Haha, netter Weihnachtsabend, was? O ja, das glamouröse, geile Leben eines Polizeibeamten. Sich den Hintern bei Kinko's plattsitzen, während der Rest der Welt Geschenke verpackt und Weihnachtsbäume schmückt.

Sie waren kurz davor, von diesem ganzen Einsatz die Nase so richtig voll zu haben, als Lessiak bemerkte, daß der Angestellte vom Fax-Center zu einem Kunden am anderen Ende des Ladens gerufen wurde. Ein anderer Angestellter nahm seinen Platz ein – einer, der nichts von dem mit Lessiak vereinbarten Zeichen wußte. Dazu kam, daß diverse Kunden den Tresen belagerten. Lessiak war allmählich besorgt, das DMV-Fax könnte für einen von denen sein. Sie wollte gerade zum Tresen gehen, um nachzusehen, was Sache war, da bemerkte sie einen schweren, dunkelhaarigen Mann so um die Zwanzig, der ein Fax aus einem Umschlag zog. Er drehte ihr den Rücken zu. Sie konnte sein Gesicht nicht sehen, aber sie erkannte die Faxe, die er da überflog – es waren die Dummies vom DMV. Das war ihr Mann!

Sie bemerkte, daß er erstarrte, während er die Faxe durchsah – ihm mußte klargeworden sein, daß es Dummies waren und das Ganze ein abgekartetes Spiel. Lessiak beobachtete ihn aufmerksam – sie hatte eigentlich keinen Grund anzunehmen, er sei gefährlich, aber als guter Cop war sie auf alles gefaßt. Sie hoffte nur, die ganze Angelegenheit würde ruhig über die Bühne gehen. Ihm nach draußen folgen, ein paar Fragen stellen, immer eins nach dem anderen. Und ganz cool bleiben.

Ohne sich umzuschauen, ging der dunkelhaarige Mann jetzt zur hinteren Tür. Lessiak und Shore folgten, vielleicht drei Meter hinter ihm. Sie warteten nur darauf, daß er den Laden verlassen würde, da drehte er sich plötzlich unvermittelt um, stieß fast mit ihnen zusammen und ging zielstrebig auf die vordere Tür zu. Lessiak und Shore waren ihm ausgewichen. Ihre Augen hatten sich nicht getroffen, und das Gesicht des Mannes verriet auch nicht, ob er sie registriert hatte. Zuerst dachte Lessiak, er hätte vielleicht vergessen, wo sein Auto geparkt war. Als er ein paar Meter entfernt war, folgten sie ihm jetzt zur vorderen Tür. Er hatte kaum die Schwelle erreicht, da drehte er sich auch schon wieder unvermittelt um. Ein alter Anti-Observations-Trick, erkannte Lessiak. Offensichtlich war ihm klar, daß jemand hinter ihm her war. Er schaute Lessiak und Shore kein einziges Mal in die Augen, gab keinerlei Zeichen von sich... aber er wußte es. Lessiak und Shore traten zur Seite und versuchten so auszusehen, als ob sie mit irgendwelchen Papieren auf dem Tresen beschäftigt waren. Noch einmal ging der Mann auf die hintere Tür zu. Und wieder wirbelte er herum und ging zur vorderen Tür, erreichte sie, wirbelte herum. Ganz klar, er spielte ein Spielchen mit Lessiak und Shore. Aber er hatte ihnen noch immer nicht in die Augen gesehen.

Schließlich ging er durch die hintere Tür hinaus. Lessiak und

hinter ihr Shore, der ein bißchen langsamer war, folgten ihm eilig. Sie beobachteten ihn, wie er einen Bogen zum Parkplatz schlug und dann etwa sechs Meter weiter zu einer Telefonzelle ging. Er nahm den Hörer ab und tat so, als würde er telefonieren. Lessiak sah ihn weder Münzen einwerfen noch eine Nummer wählen. Er stand nur da, den Hörer zwischen Schulter und Ohr geklemmt, und wartete darauf, daß sie sich ihm näherten.
Lessiak trat auf ihn zu. Shore war ein paar Meter hinter ihr und versuchte immer noch, sie einzuholen. Mit ihrer rechten Hand tastete Lessiak in ihrer Gürteltasche nach der Dienstmarke.
«Was wollen Sie von mir?» sagte der Mann und drehte sich dabei plötzlich zu ihr um.
Sie klappte ihre Brieftasche auf, um ihm ihre Marke zu zeigen.
«Ich möchte Ihnen nur ein paar Fragen stellen –»
Er schmiß ihr die Faxe entgegen und haute quer über den Parkplatz ab. Anstatt sofort hinter ihm herzurennen, beging Lessiak ihren zweiten Fehler – sie schnappte sich die Papiere und nicht den Typen. Ein normaler Reflex. Aber dem Typen verschaffte er ein paar Sekunden Vorsprung. In dem Moment, als Lessiak sich umdrehte und ihm nachlief, war er schon fast dreihundert Meter entfernt. Außer Atem und fluchend jagte sie ihn über den Parkplatz, der bevölkert war von Weihnachtseinkäufern, die Pakete schleppten und Kinder hinter sich herzogen. Er duckte sich hinter einigen Autos, rannte im Zickzack und verschwand im Feiertagsgewühl.
Als Lessiak in ihr Büro zurückgekehrt war, rief sie Loveless an und erzählte ihm, was passiert war. Er bat sie, die Faxseiten auf Fingerabdrücke hin analysieren zu lassen. Unterdessen faxte er ihr eine Liste mit Karteifotos. Ob das Gesicht des Mannes darunter wäre? Lessiak sah die Liste durch. Ihr Blick fiel auf einen pausbäckigen, schwermütig aussehenden Mann mit kurzen Haaren und Brille. Da, das war ihr Mann. Kevin Mitnick.
Der Name sagte Lessiak nichts. Sie wußte nichts über seine schwere Jugend, seine kaputte Familie oder die Geschichte seiner Zusammenstöße mit dem Gesetz, die bis in die frühen achtziger Jahre zurückreichten. Sie wußte nicht, daß er 1988 wegen Com-

puterbetrugs verurteilt worden war und bis vor kurzem im Lompoc Federal Prison Camp eingesessen hatte. Und sie wußte auch nicht, daß ein Monat zuvor ein Haftbefehl wegen Bewährungsverstoßes auf ihn ausgestellt worden war. Und natürlich hätte sie sich nicht träumen lassen, daß dieser große, plumpe, harmlos aussehende Kerl in den kommenden Jahren als eine Bedrohung für die Gesellschaft gelten sollte.

Alles, was sie wußte, war, daß dieser Typ namens Kevin Mitnick für einen Mann seiner Statur verdammt gut rennen konnte.

2

Achtundzwanzig Tage später, am 17. Januar 1993, übernahm die «Digitale Generation» die Kontrolle. Bill Clinton wurde als 43. Präsident der Vereinigten Staaten ins Amt eingeführt. Ihm zur Seite stand Al Gore, Vizepräsident und erklärter Techno-Freak. Die Clinton-Gore-Präsidentschaftskampagne war eine einzige High-Tech-Veranstaltung mit jeder Menge Diskussionen über Glasfasertechnik, den Information-Superhighway und die Macht der Technologie, die Wirtschaft zu transformieren.

Als Clinton und Gore ihr Amt übernahmen, lag Silizium in der Washingtoner Luft. Es war ein Generationswechsel. Die alternden Mitglieder des Establishments, die jeden Abend ihren McNeill-Lehrer-Report im Fernsehen guckten und sich Sorgen darüber machten, daß ihre Kinder zuviel Zeit mit Videospielen verbrachten, und die immer noch glaubten, eine Sekretärin fürs Diktat zu haben wäre der Ausdruck höchster Machtfülle, diese Generation war in den Hintergrund gedrängt worden. Jung und cyberhip waren die Demokraten, die jetzt in die Stadt drängten. Und sie hatten ihre eigenen Videospiele mitgebracht. Wer braucht schon Sekretärinnen, wenn er E-Mail hat? Diktaphone, Wählscheibentelefone und Olivetti-Schreibmaschinen hatten ausgedient. Jetzt waren Laptops, Modems und Bildschirmschoner mit fliegenden Toastern in.

Natürlich kamen nicht nur Demokraten. Ihnen dicht auf den

Fersen war Newt Gingrich, seines Zeichens Mr. Dritte Welle. Er kam an die Macht, indem er sich neue Medienschauplätze wie etwa C-SPAN zunutze machte. Und vielleicht deutlicher als jeder andere erkannte er die politischen Implikationen dieser weitreichenden Kommunikationsrevolution.

Aber es gab auch die Kehrseite. Als mehr und mehr Informationen on-line gingen, kam die Angst. Jeder hatte schon von dem Mythos des sechzehnjährigen Hackers mit einem Computer in seinem Kinderzimmer gehört, von dem mit Doritos angetriebenen Unruhestifter, der – mit einem Modem und einem Laptop bewaffnet – vertrauliche Kreditunterlagen lesen konnte, Kreditkartennummern klaute und – ganz allgemein gesprochen – die elektronische Hölle ausbrechen ließ. Was würde geschehen, wenn die echten Bad Guys, die Taschendiebe, Erpresser und Entführer erst anfingen, diesen Kids so viel Doritos anzubieten, wie sie nur essen könnten, im Austausch für ein paar Stunden ihrer Zeit? Die Unternehmen machten sich Sorgen, die Regierung hatte keinen blassen Schimmer.

Um dieser Entwicklung zuvorzukommen, hielt der Unterausschuß für Telekommunikation und Finanzen des US-Repräsentantenhauses eine Reihe von Anhörungen ab. Sie wurden geleitet von dem Mitglied des Repräsentantenhauses, John Markey aus Massachusetts, in dessen Bezirk auch das Massachusetts Institute of Technology lag und der einer der technologisch fähigsten Köpfe Washingtons war.

Die erste Sitzung fand am 29. April 1993 in dem alten Rayburn-Bürogebäude statt. Außer einer Handvoll Kongreßmitglieder, die dem Komitee angehörten, waren etwa 200 Zuhörer anwesend – meistens Lobbyisten mit Handys und Anzügen von Brooks Brothers. Sie nahmen die Chance wahr, mitzukriegen, woher der Wind in dieser Sache wehte: Bei der Regulierung von Telekommunikation steht eine Menge Geld auf dem Spiel.

Das Kongreßmitglied Markey sprach kurz über die Gründe für die Anhörung und stellte dann John Gage vor, Chef der Wissenschaftlichen Abteilung bei Sun Microsystems. Gage, der mit seinem dunklen Anzug und der Brille wie ein Professor aussah, hatte die Idee, für die Kongreßmitglieder eine kleine Zirkusnummer aufzuführen. Ingenieure von Sun hatten eine komplette kleine elektronische Stadt im Anhörungsraum aufgebaut, mit hochleistungsfähigen Sun-Rechnern, Telefonschaltanlagen, einem uneingeschränkten Zugang zum Internet und verschiedenen großen Videoschirmen. Der altehrwürdige Anhörungsraum war in eine digitale Kommandostelle des 21. Jahrhunderts verwandelt worden.

Gage begann seine Ausführungen. Wie ein brillanter, aber leicht verrückter Impresario lief er im Raum auf und ab, versprühte kleine Funken seiner Weisheit und war bei alledem sehr bemüht, es den Kongreßmitgliedern inmitten all dieser Gespräche über Computer, Internet und Mobiltelefone möglichst leicht zu machen. Er las laut aus einem druckfrischen Artikel der *New York Times* vor, der sich «einer neuen Generation von Telefonen mit kleinen Displays» widmete, den «Hand-held-Computern», «Personal Digital Assistants» und dem «Interaktiven Fernsehen».

Er zog eine Grimasse.

«Woran erkennen Sie, daß etwas neu auf dem Markt ist?» fragte er laut. «Sie erkennen es daran, daß die Sprache – wie in unserem Fall – häßlich klingt. Oder wüßten Sie, was das hier ist? Was ist ein Personal Digital Assistant? Wozu soll ein Telefon mit einem kleinen Display gut sein?»

Er machte eine Pause, um sich der Reihe von Computern und Bildschirmen zuzuwenden, aus der die elektrische Stadt bestand. «Das hier sind alles Telefone, mit großen Displays allerdings. Wir haben hier eine Stadt für Sie aufgebaut. Es ist eine Stadt, die Ihnen die grundlegenden Veränderungen in der Funktionsweise jeglicher Kommunikation zeigt.»

Gage fuhrt fort, die bevorstehende Digitalisierung der Welt zu erläutern. Bilder, Klänge, Stimmen, Informationen, sie unterschieden sich in nichts. Sie alle ließen sich auf Bits und Bytes reduzieren und über eine Telefonleitung verschicken. «Es gibt keinen Weg, die digitale Technologie aufzuhalten», sagte Gage.

Auch während er sprach, übertrugen Anlagen die Bilder und Stimmen aus dem Anhörungsraum auf das Netz und von dort hinaus zu (potentiell) Millionen von Computern rings um die Welt.

Nachdem er ungefähr fünfzehn Minuten gesprochen hatte, ging Gage zum Thema Mobiltelefone über, wie empfänglich sie für elektronische Lauschangriffe seien. Er stellte zuerst die Grundfrage: «Was ist ein Mobiltelefon?»

Ein schmächtiger, langhaariger Mann asiatischer Abstammung stand inmitten der elektronischen Stadt auf, wo er außerhalb des Blickfelds still mit ein paar anderen Techies zusammengesessen hatte. Er trug ein T-Shirt und eine Sporthose und wirkte wie ein exzentrischer Student im höheren Semester, den man gerade aus einem Forschungslabor hierhin gezerrt hatte. Er hielt eine Plastiktüte hoch, deren Aufdruck verriet, daß sie aus einem AT & T-Telefonladen stammte.

«Das ist Tsutomu Shimomura vom San Diego Supercomputer Center», sagte Gage. «Er hat das da gerade gekauft. Wir werden jetzt die Tüte aufmachen und ein Gerät herausnehmen, das Sie alle kennen.»

Tsutomu öffnete die Tasche und nahm eine Schachtel mit einem fabrikneuen Mobiltelefon heraus. Während Gage erklärte, daß Mobiltelefone eigentlich nur billige kleine Computer mit Funkempfängern wären, öffnete Tsutomu die Schachtel und nahm das Telefon heraus. Dann entfernte er das Rückenteil des Handys, fummelte darin herum, drückte einige Tasten – in seinen Bewegungen lag eine nervöse, fast mechanische Schnelligkeit.

«Ich denke, ich hab's zusammen», sagte Tsutomu, «mal sehn.» Er schaltete es ein. Rote Lämpchen leuchteten auf.

«Es funktioniert», sagte Gage.

«Also fangen wir mal an zu scannen – wir starten bei Null und gehen bis Kanal 300 hoch.»

Die Atmosphäre im Anhörungsraum lud sich statisch auf. Dann Stimmen: Ein Mann sprach zu einer Frau. Männer stritten

sich. Es war schwer zu verstehen, was gesagt wurde. Das Mobiltelefon war so programmiert worden, daß es auf jedem der etwa vierzig Kanäle des Netzes kurz anhielt und einen guten Prozentsatz der Mobiltelefonate abhörte, die in der Hauptstadt geführt wurden. Sie surften auf den Kanälen der inneren Highways von Washington.
Die Lobbyisten wurden bleich. Die ganze Zeit hatten sie angenommen, daß Mobiltelefone sicher seien. Immerhin führten sie ihre Gespräche über das Telefon, also – Herrgott noch mal – in ihrer geschützten Privatsphäre. Und nun nahm Tsutomu innerhalb von zwei Sekunden ein normales Telefon auseinander und krempelte es in eine Abhöranlage um.
Natürlich war es ungesetzlich, Mobiltelefone zu modifizieren, und das Abhören privater Gespräche ist ein schweres Vergehen. Für diese Vorführung war Tsutomu jedoch Immunität gewährt worden. Immerhin befand sich auch ein FBI-Agent im Raum, der ein wachsames Auge auf ihn hatte.
Sogar Markey, so beschlagen er in diesen Dingen sonst war, schien verblüfft. «Es ist also so, Mr. Gage, daß Sie in einen Telefonladen gehen, ein Standardtelefon kaufen, es programmieren und in einen Scanner verwandeln können, der jedermanns Telefongespräche in der Nachbarschaft oder in der Stadt anzapfen kann?»
«Ganz genau», sagte Gage.

Hätten die Gesetzesmacher und Lobbyisten von Washington ein bißchen mehr über die klaffenden Sicherheitslücken in der elektronischen Welt lernen wollen, sie hätten nur die Erstausgabe von *Wired* aufschlagen müssen. Deren Erscheinen fiel zeitlich in etwa mit der dramatisch inszenierten Demonstration Tsutomus zusammen. *Wired* sprach der neu heraufziehenden digitalen Kultur aus dem Herzen: «Bei *Wired* geht es um die derzeit einflußreichsten Leute auf diesem Planeten – um die Digitale Generation», schrieb der Chefredakteur Louis Rossetto in der ersten Ausgabe. Die Aufgabe des Magazins sei die Diskussion «der sozialen Veränderungen, die so tiefgreifend sind, daß sie wahrscheinlich nur in der Entdeckung des Feuers eine Parallele finden». Das Magazin, in wilden, leuchtenden Farben gedruckt, wurde dem Hype gerecht und sollte 1994 den National Magazine Award gewinnen. In dieser Erstausgabe gab es Artikel über Bibliotheken ohne Regalwände, darüber, wie Technologie die Kunst des Krieges verändert, aber auch einen Text mit der Überschrift «The Incredible Strange Mutant Creatures Who Rule the Universe of Alienated Japanese Zombie Computer Nerds» (Die unvorstellbar seltsam mutierten Kreaturen, die das Universum der entfremdeten, japanischen Computerfanatiker regieren).

Aber die Story, die einem neugierigen Kongreßmitglied hätte ins Auge stechen müssen, trug die Überschrift: «Handy-Phreaker und Code-Kumpel: der letzte Schrei des digitalen Underground ist das Hacken von Handy-Chips». Sie stand in der *New York Times* und stammte von John Markoff.

«Trefft V. T. und N. M.», stand dort, «die cleversten Mobiltelefon-Phreaker der Nation. (Die Namen wurden hier verändert, weil sich V. T.s und N. M.s Taten in einer gesetzlichen Grauzone bewegen.)» V. T. wird als «ein junger Wissenschaftler in einem renommierten Regierungslaboratorium» beschrieben, mit «langem Haar» und einer Kleiderwahl, «die oft hart an der Grenze ist». Der Artikel fährt damit fort, V. T.s und N. M.s Eskapaden am Rande der Legalität zu feiern, und zeichnet sie als brillante Rebellen, die die Geheimnisse der Mobiltelefone geknackt haben. Da gibt es beispielsweise die Geschichte, wie V. T. Techniker bei OKI manipulierte, ihm die Spezialcodes zu offenbaren, mit denen er in die Software der Mobiltelefone kommen konnte; wie das Telefon in einen Scanner verwandelt werden kann, um private Gespräche abzuhören; wie man ein gehacktes Telefon an einen Laptop anschließen und zuschauen kann, wie dieser eine grafische Darstellung aller Telefonverbindungen zeichnet, die in der Gegend zustande kommen. V. T. und N. M. spekulieren darüber, wie es wäre, ein Mobiltelefon zu benutzen, um jemanden aufzuspüren, der sich gerade durch den Verkehr bewegt und völlig ahnungslos ist, daß sein oder ihr Autotelefon regelmäßig Signale aussendet, die ganz einfach verfolgt werden können. Und dann gibt es natürlich noch die Möglichkeit kostenloser Telefongespräche – obwohl V. T. und N. M. behaupten, an solchen Banalitäten überhaupt nicht interessiert zu sein. «Wenn ihr was Illegales macht», wird ein Ausspruch V. T.s zitiert, «dann darf es auch ruhig was Interessantes sein.»

Jeder Phone-Phreaker in Amerika, der etwas auf sich hielt, wußte, daß V. T. ein Pseudonym für Tsutomu war und N. M. für seinen Freund Mark Lottor stand, der im Computer-Underground bestens bekannt dafür war, Bausätze für die Umprogrammierung von Mobiltelefonen zu Überwachungsgeräten zu verkaufen. Lottor hatte mal mit Kevin Poulsen zusammengewohnt, dem ersten amerikanischen Hacker, der wegen Spionage angeklagt worden war. Ein paar Monate vor der Veröffentlichung in *Wired* stand Lottor wegen zahlreicher Fälle von Computer- und Kommunikationsbetrügereien vor Gericht. Die Anklage beruhte auf einem Systemeinbruch bei Pacific Bell in den späten Achtzigern (die Beschuldigungen blieben allerdings ungeklärt).

Nicht, daß irgend jemand Lottor für einen Kriminellen hielt. Während er auf den Richterspruch wartete, etablierte er eine angesehene Internet-Consulting-Firma, Network Wizards, und wurde von vielen in der Net-Community sehr geschätzt. Im übrigen hätte die digitale Revolution niemals stattgefunden, wenn sich alle an die Gesetze gehalten hätten. Gesetzlosigkeit, Anarchie und Respektlosigkeit gegenüber dem Big Brother waren von Anfang an ein fundamentaler Bestandteil dieser Kultur, der sämtliche Innovationen vorantrieb. In dieser Welt war es noch nie leicht, ein Genie von einem Kriminellen zu unterscheiden oder eine weiße Weste von einer schmutzigen. «So gesehen geht es hier immer noch wie im Wilden Westen zu», meint John Perry Barlow, einer der Gründer der Electronic Frontier Foundation, einer Organisation, die sich um die Wahrung der bürgerlichen Rechte im Cyberspace kümmert. «Es gibt wirklich keinen großen Unterschied zwischen den Wyatt Earps und den Billy the Kids.»

3 «Wenn Sie hinter einem Unternehmen her wären», fragte ein Sicherheitsexperte Kevin, «wo würden Sie zuerst suchen?» Diese Diskussion fand, wie gewöhnlich, am Telefon statt. Für Kevin war das Telefon sein Wohnzimmer und sein Spielplatz, seine Lebensader und sein Werkzeug zum Knacken von Sicherheitseinrichtungen.

«Ich würde ihren Abfall durchforsten», sagte Kevin. Seine Stimme klang zuversichtlich, sicher und von Stolz geschwängert, aber hie und da nahm er sich zurück, im wohlüberlegten Bemühen, bescheiden zu klingen. «Das wäre ein guter Anfang», fuhr er fort. «Sie würden bereits ein bißchen über die Firma lernen, vielleicht finden sie sogar ein Organigramm. In den späten Siebzigern und den frühen Achtzigern wühlte ich regelmäßig den Abfall von Telefongesellschaften durch. Ich konnte zum Beispiel ihre Handbücher oder Personallisten finden. 1981 fand ich dann im Müll die Paßwörter zu einem ihrer Computer mit sehr sensiblen Daten. Es war zwar alles zerrissen, aber wenn jemand die Zeit und die Geduld hat, das alles wieder zusammenzusetzen...»

«Wir wissen über Sie, daß Sie Ihre Aufgaben sehr ernst nehmen, stimmt doch, oder?»

«Es erfordert eine Menge Beharrlichkeit und Zielstrebigkeit», sagte Kevin. Und wieder klang ein leichter Hochmut in seiner Stimme mit. «Es war ein Spiel, und wenn man das Spiel nicht gut spielte, kam man nicht sehr weit.»

Dieses Gespräch fand genau einen Monat vor Kevins knappem Entrinnen bei Kinko's statt. Einige Wochen zuvor hatte das FBI einen Haftbefehl gegen ihn ausgestellt, weil er gegen seine Bewährungsauflagen verstoßen hatte, als er mit den Computern von Pacific Bell herummurkste und unautorisiert Anschlüsse von Gesetzeshütern abhörte. Zu dieser Zeit hatte er bereits den Ruf, einer der gefährlichsten Hacker im Cyberspace zu sein. Aber niemand begriff, was ihn eigentlich motivierte. Streben nach Ruhm? Macht? Geld? Eine politische Aufgabe? Er wurde als skrupellos, unmoralisch, fies, unerschrocken und hartnäckig eingeschätzt.

Nichts von alldem kam während des Gesprächs am Telefon rüber. Er klang seriös und äußerst wohlerzogen. Ray Kaplan, einer seiner wenigen Freunde im Sicherheitsbusiness, hatte ihm ein paar Hunderter angeboten, damit er an einer Telekonferenz über Computersicherheit teilnahm. Zugeschaltet waren außer ihm noch Jim Settle, damals Chef der FBI-Gruppe Computerkriminalität, ein paar weitere Polizeioffizielle sowie Sicherheitsexperten und der *New-York-Times*-Autor John Markoff. Sie alle waren zusammengekommen, um Kevins Ausführungen zuzuhören und einen Schimmer von Verständnis für seine Arbeit zu bekommen. Zwischen ihnen herrschte eine seltsame Beziehung. Sie waren wie Krieger, die entschieden hatten, für einen Moment ihre Waffen niederzulegen, und sei es nur, um für eine Nacht am Lagerfeuer zu sitzen und sich die Geschichten ihrer Schlachten zu erzählen. Natürlich wußte niemand, wo Kevin sich gerade aufhielt, er sprach mit ihnen aus seinem Versteck heraus.

Wie gewöhnlich war niemand allzu beeindruckt von Kevins technischem Wissen. Kevin prahlte mit seinen Kenntnissen über komplexe Computer- und Telefonsysteme – besonders beschlagen war er, was die neuesten Bugs in der Software von Digital-Equipment-Computern betraf. Aber, wie er offen in der Konferenz zugab, diese technischen Fähigkeiten waren nebensächlich gegenüber dem, was Hacker gerne als «Social Engineering» bezeichnen. Damit ist gemeint, Leute dahingehend zu manipulieren, daß sie dir geben, was du möchtest. Kevin war darin ein Experte. Warum Stunden mit dem Erraten eines Paßworts für das Computersystem eines Unternehmens verbringen, wenn du einen der Systemadministratoren anrufen, dich als Boss von seinem Chef ausgeben und ihn oder sie dazu bringen kannst, dir das Paßwort zu sagen? Natürlich muß man schon ziemlich gut sein, um so eine Show abzuziehen. Autoritär. Ungeduldig. Kenntnisreich. Man muß den Namen des Assistenten dieses Bosses wissen, die Sprachregelungen eines Unternehmens kennen und die internen Abläufe. Das erfordert die Talente eines Gauners. Einmal hatte Kevin versucht, Zugang zu einem Digital-Equipment-Computer einer kleinen Firma zu bekommen, die ein Stück Software geschrieben hatte, das er unbedingt haben wollte. «Es war ein Zwei- oder Drei-Mann-Betrieb bei irgend jemandem zu Hause», erzählte Kevin der Konferenz. «Social Engineering stand da nicht zur Debatte.» Statt dessen baute er in ein Update-Programm, das damals von Digital vertrieben wurde, ein Trojanisches Pferd ein – ein Stück Software, das ordnungsgemäß aussah, aber einen geheimen Code enthielt, der über eine Hintertür Zugang zum Computer verschaffte. Alles wurde sorgfältig in einer Digital-Schachtel verpackt, sogar ein echter, in Plastik versiegelter Packzettel war dabei, und dann an die Firma geliefert. «Wir wollten es nicht mit der Post schicken, denn das wäre postalischer Betrug und damit ein schlimmes Delikt gewesen», erklärte Kevin. Also verkleidete sich einer als UPS-Kurier, der das Päckchen an der Firmentür abgeben sollte. «Es war sehr professionell gemacht», prahlte Kevin. Aber zu guter Letzt klappte der Coup doch nicht. «Die waren zu faul, den Software-Update zu installieren.»

Gegen Ende der Konferenz stellte der Moderator an Kevin die 20000-Dollar-Frage. Ob ihm, als er 1989 und 1990 im Lompoc Federal Prison Camp war, professionelle Kriminelle jemals vorgeschlagen hätten, eines Tages gemeinsam... ähmm... ins Geschäftsleben einzusteigen?

«Jeden Tag», sagte Kevin lachend. «Eine Menge Leute, die in Lompoc waren, haben solche Vorschläge gemacht – und das waren nicht die Dope-Dealer und Mörder oder irgendwelches Kroppzeug. Das waren die Zauberer der Finanzkriminalität in unserer Community. Diejenigen, deren Frauen und Kinder im Mercedes angefahren kamen. Denen ging es ziemlich gut. Eine Reihe dieser Typen wollten meine Telefonnummer haben oder daß ich nach der Entlassung Kontakt mit ihnen aufnehme, damit wir zusammenarbeiten könnten. Sie haben mir nicht genau erzählt, was sie vorhatten, aber ich bin sicher, es wäre nicht darum gegangen, zusammen ein Glas Root-Beer zu trinken.»

Bevor er sich verabschiedete und anschließend für die nächsten zwei Jahre im Untergrund verschwand, äußerte er noch eine letzte Warnung: «Irgendwann werden sie mal jemanden einsperren, der diese Technologie wirklich für Verbrechen nutzen will. Ich glaube nicht, daß ich in der Vergangenheit ein Verbrechen begangen habe. Ich war einfach ein elektronischer Joyrider, der Spaß im Cyberspace hatte. Aber wenn da draußen jemand auftaucht, der wirklich Schaden anrichten will, wenn ein richtiger Gangster an die Technologie kommt, dann werden Sie ein echtes Problem bekommen.»

Vier Wochen später entwischte Kevin der Polizeibeamtin Lessiak bei Kinko's. Jetzt war er auf der Flucht. Obwohl er es gegenüber keinem seiner Freunde je zugab (oder wenn er es getan hat, dann schwiegen sie darüber), muß diese Begegnung ihm einen höllischen Schrecken eingejagt haben. Er wußte, daß er einsitzen würde, wenn man ihn erwischte. Wie lange, das war schwer zu sagen. Es hing vom Richter ab. Vielleicht vier Monate, weil er gegen die Bewährung verstoßen hatte. Vielleicht sechs Monate. Was lag sonst noch gegen ihn vor? Kevin war sich nicht sicher. Wenn er in die privaten Gespräche von FBI-Agenten reinhören würde, um ihnen nachzuspionieren, während sie ihm nachspionierten – nun, das wäre schon ein schweres Delikt.

Das Vernünftigste wäre damals für Kevin gewesen, aufzuhören und sich zu stellen, sich seine Tracht Prügel abzuholen und alles zu vergessen. Susan Headley, eine Freundin Kevins aus frühen Hacker-Tagen, sagte, daß sie ihn oft beschworen habe, sich zu stellen. «Er sagte immer nur: ‹Ich kann es nicht, ich kann es nicht machen, ich kann nicht›», erinnert sich Headley. Zum einen hatte er kein Geld. Und ohne einen guten Anwalt, so fürchtete er, würde er sich niemals erfolgreich verteidigen können. Abgesehen davon, daß er von Natur aus paranoid war, hatte er über die Jahre auch eine Menge schlechter Erfahrungen mit den Gesetzesvertretern gemacht. Er befürchtete, daß man ihn für jedes illegale Eindringen in einen Computer verantwortlich machen würde, das im Staat Kalifornien in den vergangenen zehn Jahren registriert worden war.

Für Kevin war das Gefängnis ein schwarzes Loch, wo schlimme Dinge geschahen. Er hatte die Zeit in Lompoc überlebt, aber das nächste Mal käme er vielleicht nicht mehr an einen so gemütlichen Ort. Er hatte Geschichten darüber gehört, was jungen Männern im Gefängnis geschehen konnte. Er wußte von den Spielchen beim Aufheben eines Stücks Seife in der Dusche. Und das muß ihm angst gemacht haben. Das rührte an eine dunkle Stelle in seiner Seele, über die er selten sprach. Es weckte Erinnerungen in ihm, die er lieber vergessen wollte. Überdies besaß Kevin eine Art von Aufrichtigkeit. Es gab all diese vielen, vielen Schwachstellen in Computer- und Netzwerk-Software, das wußte jeder. Das Universum ist eben unvollkommen. Warum sollte er das nicht ausnützen? Wenn er's nicht tat, würde es jemand anderes machen. Jemand, der nicht ganz so unparteiisch wäre. In gewissem Sinne tat er allen einen Gefallen. Er zeigte deutlich die Schwächen im System auf, bevor sie von jemand anderem ausgenutzt werden konnten, der dann wirklich Ärger verursachen konnte. Er war das Virus, das das gesamte System stärkte. Die Leute sollten ihm gefälligst dankbar sein.

Also wählte er ein Leben auf der Flucht. Er verlor sich in der pubertären Vorstellung vom romantischen Leben eines Flüchtlings, wie in seinem Lieblingsfilm *Die Tage des Kondors*. Aber er war eine Randexistenz mit beschissenen Jobs unter verschiedenen falschen Namen. Er zog von einer Stadt in die nächste und lebte wie ein elektronisches Phantom. Mit alten Freunden blieb er über das Telefon in Verbindung, hin- und hergerissen zwischen dem Bedürfnis nach zwischenmenschlichem Kontakt und der Furcht, geschnappt zu werden. Er glaubte, solange er schlau genug war und sich nach hinten absicherte, wäre alles okay. Er wußte, es gab weltweit höchstens eine Handvoll Bullen, die genug von Computern und Computerkriminalität verstanden, um ihn aufzuspüren. Und er wußte auch, daß sie wahrscheinlich zu beschäftigt waren, um sich um ihn zu kümmern.

Außerdem tat er nichts anderes als Hunderte, vielleicht Tausende von anderen erklärten Hackern und Crackern da draußen.

Leute, die wie er die Schwachstellen des Kommunikationssystems auf die Probe stellten. Es war ja nicht etwa so, daß er gestohlene Software verkaufte. Gott weiß, er hätte es tun können, aber er tat es nicht. Und er vergewaltigte keine Frauen oder entführte Kinder. Wenn er niemanden körperlich verletzte und auch keinen Profit machte, nun, was war dann eigentlich das Verbrechen? Er spielte einfach nur etwas herum – ein elektronischer Joyrider.

Für Lessiak waren es keine lustigen Spiele. Einige Wochen nach ihrer Begegnung mit Kevin sah sie einen Mann vor ihrem Büro im DMV stehen, der aussah wie Kevin. Bevor sie sich vergewissern konnte, haute er ab. Sie sah ihn nicht wieder. Aber manchmal läutete ihr «kaltes» Telefon – sie hatte einen sicheren, nicht registrierten Apparat, den sie für rausgehende Gespräche nutzte – mitten am Tag. Wenn sie den Hörer abnahm, hörte sie am anderen Ende ein Modem wählen. So etwas war ihr niemals zuvor passiert. Und was noch eigenartiger war: Während der nächsten fünf Monate wurde sie jede Nacht zwischen Mitternacht und fünf Uhr morgens auf ihrem Pager angerufen. Auch diese Nummer sollte eigentlich nirgendwo registriert sein, nur ein paar Leute im DMV hatten sie. Sie wachte dann auf, machte Licht und sah ein paar Fehlermeldungen auf dem Pager. Oder es blinkte eine Nummer in San Francisco darauf. Wenn sie die anrief, bekam sie keine Verbindung. Der Pager meldete sich jede Nacht. An Schlafen war nicht mehr zu denken. War es Kevin? Eines Tages hörten die Anrufe auf. Es war, als ob jemand entschieden hätte, daß sie genug gelitten habe und die Rechnung beglichen war.

In flagranti

1 Panorama City, Kalifornien, der Ort, in dem Kevin aufwuchs, hat weder ein Panorama noch eine City. Es ist eine öde, von Gott und der Welt vergessene Ansammlung von Häusern am Rande des San Fernando Valley. Schon ein kurzer Aufenthalt in dieser Gegend läßt diese gewisse Verzweiflung aufkommen, die man vom Anblick schäbiger Läden und Apartmenthäuser aus der Nachkriegszeit bekommt, die sich unter der Hitze beugen. In den vierziger, fünfziger Jahren, als das Farmland asphaltiert und die meisten Häuser gebaut wurden, schien es einen kurzen Rausch im Wohlstand gegeben zu haben. Danach ging es nur noch bergab. Jetzt hängen die Palmen resigniert herunter. Die Bougainvilleen zeigen nur wenig Neigung zu blühen. Und es herrscht Smog, Verkehr, Drogen und das dringende Bedürfnis abzuhauen.

Kevin wurde am 6. August 1964 in Van Nuys geboren. Sein Vater Alan Mitnick war als eines von vier Kindern einer jüdischen Arbeiterfamilie in einem Vorort von Detroit aufgewachsen. Nach der High-School ging er zur Armee und wurde nach Kalifornien geschickt. Dort traf er Rochelle (Shelly) Kramer. Sie heirateten 1963. Er war 19, sie 18 Jahre alt. Genau ein Jahr später wurde Kevin geboren, ihr erstes und einziges Kind. Sie zogen in ein Apartment im Valley, weil es preiswert war, aber doch nicht allzu weit von Hollywood entfernt lag. Alan interessierte sich fürs Musik-Business – für kurze Zeit war er später als unabhängiger Plattenpromoter erfolgreich. Als Kevin drei Jahre alt war, ließen sich seine Eltern scheiden, und Shelly mußte ihren Sohn alleine aufziehen. Sie arbeitete als Kellnerin bei Fromin's, einem bekannten Deli im Valley. Während sie das Geld ranschaffte, paßte ihre Mutter Reba auf Kevin auf. Als Kevin fünf Jahre alt war, heiratete Shelly erneut. Ihr zweiter Ehemann war leider eine schlechte Wahl: fünfzehn Jahre älter als sie, Ex-Offizier bei der Armee, und laut Polizeiakten wurde Kevin von ihm sexuell mißbraucht. In der Familie wurde darüber zwar nicht offen gesprochen, aber andere bestätigten diese Behauptung. Kevin selbst sprach nur selten davon. Die Ehe hielt nur ein Jahr. Im Jahr darauf heiratete Shelly ihren dritten Mann, Howard Jaffee, und auch diese Ehe dauerte nicht lange. Für Kevin – obwohl erst sieben Jahre alt – war das bereits der Papa Nummer drei gewesen. Kevin war ein schwieriges Kind. Er hatte keine Geschwister, bis auf seinen Halbbruder Adam. Der war kurz nachdem der leibliche Vater Alan erneut geheiratet hatte, zur Welt gekommen und ziemlich bald dessen ein und alles. Um Kevin kümmerte Alan sich kaum noch. Shelly liebte ihren Sohn sehr, hatte aber mit den Schwierigkeiten einer Alleinerziehenden zu kämpfen. Niemand nahm den Jungen mit zu Baseballspielen, niemand zeltete mit ihm am Lake Arrowhead, und niemand erklärte ihm den ständigen Wechsel der Vaterfiguren. Kevins Welt, das war Panorama City, Studio City, Commerce City, Universal City. Sie bestand aus Autoverkehr und Fernsehen, Telefonen, Scheidungen und Tiefkühlkost.

Er, seine Mutter und ihr jeweiliger Ehemann hatten nie genug Geld. Sie lebten nie in einem richtigen Haus, immer nur in dürftigen Übergangswohnungen. Andere Kinder, die in solchen Verhältnissen aufwachsen, mag das hart machen im Nehmen. Auf Kevin hatte es den gegenteiligen Effekt. Bei ihm wurde eine «Hyperaktivität» diagnostiziert. Bis zu seinem 11. Lebensjahr bekam er Ritalin und Dexedrin. Er litt an chronischen Allergien und klagte über Herzklopfen, aber die Ärzte führten es auf Streß und Angstzustände zurück. Er trank nicht und nahm auch keine Drogen. Dafür aß er. Wie seine Mutter sagte, konnte er «eine ganze Torte in einem Bissen schlucken».

Je älter Kevin wurde, desto introvertierter wurde er. Er war ein scheuer, fetter, einsamer Teenager, der innerlich vor Wut kochte.

Er schmiß die High-School – später sollte er seinen Abschluß nachholen. An den üblichen Attraktionen für Jugendliche in L. A. fand er wenig Gefallen. Manchmal ging er ins Kino oder an den Strand, aber mit Mädchen war er recht linkisch. Er trank nicht, nahm keine Drogen.

1978 stieß Lewis DePayne, der später Kevins bester Freund und früher Mentor werden sollte, auf Kevin, als der auf CB-Funk über kostenlose Ferngespräche schwadronierte, die man mit geklauten MCI-Codes führen könne. Der drei Jahre ältere DePayne war bereits ein Experte im Phone-Phreaking. Nicht lange darauf kamen die beiden zusammen und tauschten Geheimnisse aus. Kevin war zu der Zeit erst vierzehn, aber seine Kenntnisse auf dem Gebiet waren schon recht beeindruckend.

Was das Kino für die Armen und Arbeitslosen während der Depression bedeutete, war für viele Kinder in Kevins Generation das Telefon. Hacken war ein Ausweg, eine Zuflucht ins Reich der Phantasie. In diesen Tagen war das Telefonnetz noch uneingeschränkt offen. Noch gab es keine Computerschaltungen, keine nennenswerten Sicherheitsmaßnahmen, keine Gesetze – das Telefonnetz war ein zweites Universum, das nur darauf wartete, erforscht zu werden. Man konnte kostenlos Gespräche in die ganze Welt führen, man konnte von New York nach Texas, Singapur, Kairo hüpfen, man konnte Nachrichten für den Papst bei der Zentrale des Vatikans hinterlassen.

Der Kit Carson der Phone-Phreaker war John Draper alias Captain Crunch, weil er herausgefunden hatte, daß die Flöten aus den Captain-Crunch-Frühstücksflocken-Paketen genau die richtige Frequenz hatten, um das AT & T-System für Ferngespräche zu manipulieren. Und dann gab es noch Steve Jobs und Steve Wozniak, die Erfinder des Apple-Computers, die als Jugendliche ihr Taschengeld auf dem Campus von Berkeley mit dem Verkauf von Päckchen mit den geeigneten Flöten aufbesserten. In diesen Anfangsjahren planten Kevin und Lewis ihre Abenteuer in einem Shakey's-Pizzaladen in Hollywood, zusammen mit Susan Headley, einem großen, blonden Ex-Groupie, die jetzt ein Phone-

Phreaker und sehr geschickt in Social Engineering geworden war. Genauso wie Steve Rhoades, ein stiller, gut erzogener Junge, der die Hardware des Telefonsystems so gut wie sie alle begriff. Ihr geheimes Herrschaftswissen schweißte sie genauso zusammen wie die Erregung, eine Geheimtür in eine andere Welt gefunden zu haben.

1980 begannen die Telefongesellschaften mit der Umstellung ihrer mechanischen Zentralen auf Computer. Kevin und seine Freunde stellten sich ebenfalls um. Es erforderte eine ganze Menge Mut und Geschicklichkeit, aber der Spaß wurde verfünffacht. Sie entdeckten nämlich das Arpanet, den Vorläufer des heutigen Internet. Ursprünglich war es für wissenschaftliche Zwecke konzipiert, für einen vereinfachten Informationsaustausch zwischen Wissenschaftlern und Forschern. Und als ehrgeizige, junge Phone-Phreaker wie Kevin das herausbekamen – also, das war echt cool. Das Telefon wurde zur Abzapfstelle von Informationen – es war mit Computern über das ganze Land hinweg verbunden, und die waren randvoll mit jeder Menge interessantem Zeug. Plötzlich gehörten die Hacker dazu! Sie kannten Geheimnisse. Sie hatten Macht!

Eine ganze Generation von Kids war wie verwandelt. Patrick Kroupa, ein Hacker aus der Gegend von New York und Miterfinder von *Mindvox*, einem frühen und einflußreichen Mailbox-System, beschrieb, wie es war, in dieser euphorischen Zeit aufzuwachsen: «Angeführt von einem Haufen kauziger Außenseiter, Acidheads, Phreaker, Hacker, Hippies, Wissenschaftler und Studenten, sprachen wir uns mit ‹Ey, Alter, gibt's was Neues im Angebot?› an und meinten es tatsächlich auch so. In den Achtzigern sahen wir die ersten Königreiche des Cyberspace emporkommen», schrieb Kroupa in einem Essay, das über das ganze Netz ging. «Als ich das erste Mal in dieses elektronische Nervensystem einstieg, war ich gerade mal zehn Jahre alt. Mein Verständnis dieses ‹Ortes› war von einer Handvoll Leuten geprägt, deren Geschicklichkeit ich bewunderte und denen ich nacheiferte, obwohl sie mir auch leid taten wegen des Lebens, das sie führten. Sie bauen diesen High-Tech-Kult in der Hoffnung auf, er könnte sie irgendwie vor dem Unglücklichsein bewahren.

Da war dieses große, wunderbare Spiel, und da waren wir mit dem Überblick über das ganze Puzzle und der unerwarteten Macht, damit zu machen, was wir wollten. Zum ersten Mal in der jüngsten Geschichte konnte man einfach die Realität verändern, man konnte sonstwas anstellen, das sich dann auf alle und jeden auswirkte. Und plötzlich lebte man wie in einem Comic oder in einer Abenteuergeschichte...
Es war eine sehr interessante Zeit und ein sehr interessanter Ort, um erwachsen zu werden. Das Problem war allerdings, daß viele von uns nicht erwachsen wurden. Eines Morgens wachst du auf und stellst fest, du bist siebzehn oder achtzehn, und es geht auf die Neunziger zu. Du begreifst, daß die ganze Welt aus Lügen und Halbwahrheiten zusammengesetzt ist, jeder ist von Hause aus korrupt, du selbst eingeschlossen. Ein paar deiner Freunde von früher sind jetzt Erwachsene, die nicht wissen, wo sie hingehen können, die für Delikte wie Betrug und schweren Diebstahl eingelocht werden. Und du selbst hast völlig den Kontakt zu allem verloren, was auch nur entfernt an ‹die Realität› erinnert.
Wir hatten unsere ganze Kindheit im elektronischen Universum verbracht, waren gefangen in dem Spiel unserer frühreifen Persönlichkeiten und hatten die Zeit versäumt, herauszufinden, wer wir eigentlich waren und was wir vom Leben wollten außer ‹weiter, schneller, besser›.»

2 In den späten siebziger und frühen achtziger Jahren waren Hacker und Phone-Phreaker nur schwarze Flecken auf der kulturellen Landkarte. Weder wußte man irgend etwas über sie, noch kümmerte es jemanden. Die PC-Revolution sollte erst noch kommen – nur ein geringer Prozentsatz von Amerikanern besaß einen Computer, und außer ein paar Wissenschaftlern, die das Arpanet benutzten, war noch niemand on-line. Ein

Macintosh war immer noch etwas, womit man Pies buk. Niemand hatte je etwas von Digerati, Cybersex oder von Cyberpunks gehört. Der Science-fiction-Autor William Gibson, der die imaginären Grenzen des elektronischen Universums definierte, benutzte das Wort «Cyberspace» nicht vor 1982. Die Gesetze waren unausgereift, die Sicherheit gleich Null. Ein jungfräuliches Terrain, so weit und wild, wie es der Westen Amerikas einst gewesen war.

In den Medien wurden Hacker und Phonephreaker größtenteils als kreative Witzbolde portraitiert. Niemand konnte sich vorstellen, daß sie ernsthafte Schwierigkeiten bereiten könnten. *LA Weekly* überschrieb einen Artikel über Lewis DePayne respektvoll «The Phine Art of Phone Phreaking». Der Fernsehsender ABC machte eine Sendung über Hacker und Phreaker, die *The Electronic Delinquents* hieß. Man hielt sie für seltsame, eigenwillige Jungs, ein bißchen verwirrt vielleicht, aber doch nicht für eine ernste Gefahr für irgend jemand.

Wie immer machte Kevin das Faß auf. Der Ärger begann 1981, als er, DePayne und ein anderer Typ mit einem ziemlich tollkühnen Schachzug probierten, Zugang zum Hauptcomputer von Pacific Bell in Downtown L. A. zu bekommen. Kevin und seine Kumpel hatten schon öfter bei Pac Bell rumgefummelt, aber alles, was sie dabei in Erfahrung brachten, stammte aus alten technischen Handbüchern und Angestelltenlisten, die sie aus dem Müll gefischt hatten. Jetzt aber waren sie auf Größeres aus: sie wollten das Paßwort, das ihnen im wahrsten Sinne freien Zugang zu Pacific Bells Computersystem ermöglichte.

Um in das Büro von Pac Bell reinzukommen, wäre es Kevin niemals eingefallen, ein Fenster aufzustemmen und durch einen Luftschacht zu kriechen. Das war ganz klar ungesetzlich. Statt dessen quasselte er sich hinein. Er tat nichts Kriminelles, er nutzte nur seinen Vorteil aus einer Schwäche des Systems. So ist es doch, oder?

Am Sonntagmorgen des Memorial Day Weekend schlenderten Kevin, DePayne und ein weiterer Freund um ein Uhr früh am

Pac-Bell-Gebäude vorbei und schwatzten mit dem Wachdienst. Kevin, damals erst siebzehn, hatte ein bemerkenswert sicheres Auftreten. Er spielte sich vor ihnen auf, wie abgenervt er sei, daß er über die Feiertage ins Büro müsse, um Unterlagen für einen am Montag fälligen Bericht zu holen... Danach trugen er und seine Freunde sich ins Besucherbuch ein (zwei von ihnen unter falschem Namen) und waren drin. Etwa eine Stunde später kamen sie mit wichtigen Handbüchern, wertvollem Infomaterial und einer Codeliste für die digitalen Türschlösser unterm Arm wieder heraus. Sie winkten dem Wachdienst zu und feierten ihren Erfolg bei Winchell's Donuts.

Sie hatten nicht viel Zeit, mit ihren neuen Errungenschaften herumzuspielen, weil Susan Headley, gegen die Ermittlungen wegen anderer Geschichten liefen, sie bei der Polizei verpfiff. Damals war die Staatsanwaltschaft hinter Kevin auch wegen eines früheren Falls her. Er und seine Kumpel wurden verdächtigt, in den Computer einer kleineren Firma in der Bay Area eingedrungen zu sein und dort ein totales Chaos angerichtet zu haben – Dateien waren gelöscht, und der Drucker spuckte pubertäre Scherze wie «FUCK YOU! FUCK YOU! FUCK YOU!» aus.

Kevins Anwalt handelte aus, daß sich Kevin nach Rückgabe des gestohlenen Materials in den Anklagepunkten Computerbetrug und Einbruch – beides Kapitalverbrechen – schuldig bekannte. Er wurde zu einem Jahr auf Bewährung verurteilt.

In der kleinen, statusbewußten Hacker-Community von L. A. galt eine Festnahme als Auszeichnung. Kevin gab sie ein ganz neues Gefühl von Stärke und Selbstbewußtsein. Außerdem verschaffte sie ihm neue Freunde. Einer davon war der zwei Jahre jüngere Lenny DiCicco, ein pickeliges Jüngelchen, das zu ihm wie zu einem Idol aufschaute. 1982 wurden die beiden festgenommen, weil sie auf dem Campus der University of Southern California herumgestrichen waren und deren Computer dazu benutzt hatten, Einblick in geschützte Konten zu gewinnen und private E-Mail zu lesen. (Das war etwas, das Kevin einfach nicht lassen konnte, obwohl er, was seine eigene Privatsphäre anging, völlig hysterisch war.) Außerdem hatten sie die USC-Computer als Basisstation für ihre Erkundungen im Arpanet benutzt. Eigentlich war das Kinderkram und unterschied sich in nichts von dem, was Hunderte von jungen Hackern damals auch machten. Aber Kevin wurde geschnappt.

Diesmal mußte er für sechs Monate ins Gefängnis. Obwohl er schon neunzehn Jahre alt und juristisch ein Erwachsener war, schickte man ihn in die Jugendstrafanstalt von Stockton, Kalifornien. Hier versammelten sich die härtesten Kids des Staates: Mörder, Totschläger, Drogenhändler. Während Kevin dort war, mußte er sich einer Studie der California Youth Authority unterziehen. In den Gerichtsakten wird er als «asoziale Persönlichkeit nichtaggressiven Typs» beschrieben. Die Studie ergab keine Anzeichen einer Psychose, aber es wurde diagnostiziert, daß er zurückgeblieben, antriebsarm und unreif sei. In einem psychologischen Gutachten hieß es: «Er agiert seinen Zorn und seine Frustration lieber mit Hilfe des Computers aus, anstatt sich um ein adäquates Sozialverhalten im Umgang mit seinen Schwierigkeiten zu bemühen.»

Als Kevin entlassen wurde, war die Ära der Electronic Delinquents beinahe vorüber. Hollywood hatte das Seine dazu getan, daß man in den Hackern jetzt eine Bedrohung für die Nation sah.

3 Die Voraussetzungen von *Wargames* sind ziemlich simpel. Matthew Broderick spielt einen Hacker. In seinem Schlafzimmer hat er einen Computer (für so was war Kevin als Kind viel zu arm gewesen), in der Schule Probleme wegen seiner «Verhaltensauffälligkeit» und eine Vorliebe für Junk Food. Wenn ihm droht, in Bio durchzurasseln, hackt er sich in den Schulcomputer und ändert seine Note. Eines Tages liest er in einem Magazin die Anzeige einer Firma für neue Videospiele und beschließt, sich in deren Computer zu hacken, um vorab schon einen

Überblick über das neue Programm zu bekommen. Er läßt sein Modem nach dem Zufallsprinzip ein paar Zahlenkombinationen anwählen, bis er auf eine Nummer stößt, die er für die der Videospielefirma hält. Tatsächlich aber ist er in den Computer geraten, der NORAD kontrolliert, das strategische Verteidigungssystem des US-Militärs. Er kommt ganz leicht in das Programm rein und beginnt mit einem Spielchen namens Global Thermonuclear War. Was Broderick nicht weiß, ist, daß er damit den NORAD-Computer auf den Countdown eines nuklearen Krieges programmiert hat.

Und weil Broderick es war, der diese globale Katastrophe ausgelöst hat, kann natürlich nur er sie auch stoppen. Ohne daß irgend jemand bei NORAD davon weiß, läuft der Computer inzwischen Amok: er glaubt immer noch, nur ein Spiel zu spielen, und plant einen Angriff auf eigene Faust. Broderick wird vom FBI festgenommen und fleht darum, ihn helfen zu lassen. Er kann entkommen und schleicht sich in die Schaltzentrale von NORAD ein (was einen General zum meistzitierten Ausruf des Films veranlaßt: «Get that little bastard out of the War Room!»). Schließlich spürt Broderick den exzentrischen Programmierer auf, der die Kontroll-Software für den Computer geschrieben hat. Er überzeugt ihn davon, daß der Computer durchgedreht ist und der globale thermonukleare Krieg unmittelbar bevorsteht. Zu guter Letzt kommen Broderick, seine Freundin respektive Assistentin und der exzentrische Programmierer genau in dem Moment zurück zu NORAD, in dem die Raketen von ihren Abschußrampen abgefeuert werden sollen. Broderick macht alles wieder gut, indem er den Computer davon überzeugt, Schiffe versenken mit sich selbst zu spielen. Er führt ihm die Sinnlosigkeit von Spielen vor, zu denen auch das thermonukleare Kriegs‹Spiel› gehört. Abspann.

Auf der einen Seite ist das unerträglich albern. Der hübsche, noble Hacker mit der attraktiven Freundin/Assistentin, der amoklaufende NORAD-Computer (er kann sogar sprechen), die vertrottelten Bürokraten. Auf der anderen Seite spielt der Film sehr geschickt mit den Ängsten im Atomzeitalter, damit, daß wir quasi nur einen Computerknopfdruck von der Vernichtung entfernt sind. Gleichzeitig bereichert er das Vokabular der Pop-Kultur um einen neuen Revolverhelden: den Hacker.

Der Film war verantwortlich für eine riesige Veränderung in der öffentlichen Wahrnehmung von Hackern. Matthew Broderick spielte einen guten Jungen, anständig, weiß, aus der Mittelschicht, der einfach nur Spaß haben will. Es gab nichts Bedrohliches an ihm. Und noch dazu konnte er in seinem Schlafzimmer zaubern. Er konnte seinen Computer mit seinem Telefon verbinden, eine Nummer wählen und Kontrolle über die Welt gewinnen. Das war, in seiner eigenen, ungefährlichen Art, eine schrecklichschöne Vorstellung.

Der Film veränderte auch die eigene Sicht der Hacker auf sich selbst. Bis zu *Wargames* hatten sie sich im kulturellen Niemandsland abgeplagt. Nun gab es plötzlich diesen kleinen Wichtigtuer in ihrer Tastatur – *mach keinen Quatsch mit mir, sonst könnte ich stinkig werden und ein paar Raketen abfeuern...* Hacker spielten mit dieser Idee rum, übertrieben ihre Erfolge und sponnen dramatische Intrigengeschichten aus. Außerdem inspirierte es einen Haufen anderer Kids, sich diesen Spaß, den man im Cyberspace haben kann, mal anzugucken. Auf merkwürdige Weise brachte dieser Film für eine ganze Generation den Stein ins Rollen.

Natürlich behaupteten dann auch ein paar Hacker, selbst in NORAD-Computern rumgeschnüffelt zu haben. Eine der Legenden über Kevins Teenagerjahre erzählt, er hätte 1982 Zugang zu NORAD gehabt. Überprüfen läßt sich das nicht. Aber selbst damals, als die Computersicherheit noch kein Thema war, war das Eindringen in einen Computer die eine Sache, eine ganz andere dagegen waren die Fähigkeit und der Wille, eine Rakete abzuschießen. Die schiere Paranoia-Fantasy. Im Kino machte sie sich gut, im wirklichen Leben entbehrte sie jeder Grundlage. Auf jeden Fall ist es kein Wunder, daß Kevin, dem man jedes Cyberspace-Verbrechen zutraute, auch für den Inspirator von *War-*

games gehalten wurde. «Stimmt nicht», sagt der Drehbuchautor Larry Lasker. «Ich schrieb *Wargames* 1980, lange bevor ich überhaupt von Kevin Mitnick gehört hatte.» Die Grenze zwischen Fakt und Fantasy ist eben ziemlich schmal, auch was Kevins Karriere als Hacker angeht.

4 Nachdem er aus dem Gefängnis in Stockton kam, kaufte sich Kevin für seinen schwarzen Nissan Pulsar ein persönliches Nummernschild, ein Zeichen dafür, daß er ein neues Leben beginnen wollte. Auf dem Schild stand: «X HACKER».

Wenn Kevin sich an den Vorsatz gehalten hätte, dann wäre der Ex-Hacker schließlich einer von vielen erfolgreichen Typen im Computerbusiness geworden. In der Jugend machen sie Unsinn, aber nach der High-School schliddern sie direkt ins wirkliche Leben und begreifen, wieviel Ärger man mit diesen kleinen, dummen Hackerspielchen riskiert. Kevin hatte diese Lektion nicht kapiert. Kurz nach seiner Entlassung geriet er wieder in Schwierigkeiten.

Er hatte einen Job in einer kleinen Firma angenommen, die einem Freund der Familie gehörte und wo er am Computer Schreibarbeiten zu erledigen hatte. Aber dann fing er wieder an, am Computer herumzuspielen, und bald darauf wurde erneut ein Haftbefehl gegen ihn ausgestellt. Man beschuldigte ihn des unerlaubten Zugriffs auf TRW-Credit-Reports und des betrügerischen Erschleichens von kostenlosen Ferngesprächen. Diesmal bekam Kevin rechtzeitig Wind davon und haute ab. Fast ein Jahr lang blieb er verschwunden. Zumindest einen Teil der Zeit verbrachte er in Nordkalifornien, wo er unter falschem Namen Seminare am Butte Community College belegte. Später behaupteten ein paar übereifrige Reporter, er habe dieses Jahr in Israel verbracht, um damit anzudeuten, er sei Mossad-Agent gewesen oder ähnlichen Unsinn.

Im September 1985 immatrikulierte sich Kevin am Computer

Learning Center of Los Angeles. Das war der erste erwachsene Schritt in seinem Leben. Ein Hinweis darauf, daß er seine Vergangenheit hinter sich lassen und seine Faszination für Computer irgendwie in ein anständiges Leben integrieren wollte. Das Computer Learning Center war eine angesehene Schule, deren Abschlüsse normalerweise zu ordentlichen, wenn nicht gar außerordentlichen Jobs in der Computerindustrie führten.

Kevin war ein ernsthafter Schüler, aber er holte mehr aus dieser Schule heraus als technische Kunstfertigkeiten. Eines Abends, als er am Computer arbeitete, geriet er zufällig in eine E-Mail-Konversation mit einer kleinen, attraktiven, dunkelhäutigen Frau, die ihm gegenübersaß. Nach kurzem Hin und Her lud er sie zum Dinner ein – ein kühner Schritt für jemanden, der kaum Erfahrung mit Frauen hatte –, aber sie wies ihn ab. Sie sei verlobt, sagte sie. Er ließ nicht locker. Vielleicht nächste Woche, sagte sie. Etwa einen Monat später gingen sie zusammen aus. Sie hieß Bonnie Vitello, war zwei Jahre älter als Kevin, bereits einmal verheiratet gewesen und gerade dabei, wieder zu heiraten. Trotzdem war sie neugierig auf Kevin, dessen Körperumfang zu der Zeit nicht gerade einen schmalen Schatten warf. Aber er schien klug, ernsthaft und humorvoll zu sein – er mußte laut auflachen, als er hörte, daß Bonnie bei GTE arbeitete, einer der lokalen Telefongesellschaften von L. A. Wenn diese Verbindung nicht vom Himmel arrangiert war... Für ihn muß es wie ein Wink des Schicksals gewesen sein. Es dauerte nicht lange, und Bonnies Verlobung wurde gelöst, und ihr neuer Freund Kevin lebte mit ihr in ihrem kleinen Apartment in Thousand Oaks.

Eine Woche bevor sie heiraten wollten, durchsuchte die Polizei Bonnies Apartment. Computer, Modem, Disketten und Handbücher wurden beschlagnahmt. Kevin war wieder drauf – diesmal hatte er sich im Computer von Santa Cruz Operations herumgetrieben, einer schnell gewachsenen Firma, die eine PC-taugliche Version des Unix-Betriebssystems vertrieb. Die Firma befürchtete, daß er eine Raubkopie ihrer Software gemacht hatte, für die sie die alleinigen Rechte besaß. Was, wenn er sie einem Konkurrenten verkauft hatte? Was, wenn er ihnen einen Virus reingesetzt hatte, den niemand bemerkte, bevor es zu spät war? Für Santa Cruz Operation standen Hunderttausende von Dollars auf dem Spiel. Ganz zu schweigen von ihrem Ruf. Es gab verschiedene Möglichkeiten. Sie konnten die Sicherheit so aufrüsten, daß es solchen Kevins nicht mehr gelingen würde, in die Computer einzudringen. Oder sie konnten ihre wichtigsten Sachen aus dem Netz herausnehmen, damit sie geschützt wären. Statt dessen meldeten sie Kevins Aktivitäten der Polizei. Es war ziemlich einfach, seine Spur zu Bonnies Apartment zurückzuverfolgen. Ein paar Tage später flogen Ermittler der Polizei von Santa Cruz in L.A. ein.

Bis dahin hatte Kevin noch keine Vorstrafe als Erwachsener. Aber jetzt warf man ihm unerlaubtes Eindringen in einen Computer vor – ein Kapitalverbrechen. Seinem Anwalt gelang es, für Kevin sechsunddreißig Monate auf Bewährung auszuhandeln. Er mußte sich außerdem verpflichten, einen Programmierer von Santa Cruz Operation über die Systemschwächen aufzuklären. Kevin beschrieb sie ihm, aber es stimmte ihn nicht gnädiger.

Kevin und Bonnie heirateten schließlich am 9. Juni 1987 in Woodland Hills. Sie feierten im kleinen Kreis bei Bonnies Mutter. Trotz seines ganzen Ärgers schien Kevin glücklich zu sein. Bonnie tat ihm gut. Er hatte abgenommen. Er schien zuversichtlich und selbstbewußt. Man kann es sogar an seinem Führerscheinfoto sehen, das zwei Monate nach der Hochzeit aufgenommen wurde. Er war 24 Jahre alt, ein Meter achtzig groß und wog 240 Pfund, noch immer 70 Pfund zuviel, aber für Kevin war das normal. Er war frisch rasiert, und in seinen blauen Augen strahlte ein gewisser Optimismus, so, als ob er Hoffnung in die Zukunft setzte.

5 Wieder einmal schien Kevin bürgerlich werden zu wollen. Um Geld zu sparen, zogen Bonnie und er mit Kevins Mutter zusammen in eine kleine Eigentumswohnung nach Panorama City. Kevins Mutter war immer noch Kellnerin bei Fromin's Deli. Bonnie arbeitete von neun bis siebzehn Uhr bei GTE, und Kevin versuchte, einen richtigen Job zu finden. Zumindest ein Teil von ihm wollte eine Zukunft aufbauen.

Seine Verteidiger sagten, daß er nur eine einzige Chance gebraucht hätte, um sich zu beweisen. Alles, was er gebraucht hätte, wäre ein anständiger Job gewesen, der ihm andere Werte als das Hacken vermittelt und eine Kehrtwende ermöglicht hätte. Andere argumentierten dagegen, daß Kevin sich bereits als gefährlich unzuverlässig erwiesen hätte, daß er die Spielregeln nicht verstanden habe oder erst gar nicht verstehen wollte und daß man mit ihm so lange nicht nachsichtig sein dürfe, bis er das Gegenteil beweise.

Eins steht fest: er bemühte sich wirklich, einen Job zu finden. Er verschickte Hunderte von Bewerbungsschreiben. Die meisten hatten etwa diesen Tenor: «Ich bin willens und fähig, meine zweijährige Ausbildung und Erfahrung in der Datenverarbeitung, mein Talent und meine Fähigkeiten für (jeweiliger Firmenname) einzusetzen und alles dafür zu tun, das Unternehmen in seinen Zielsetzungen zu unterstützen. Ich würde mich freuen, meine Kenntnisse und Fähigkeiten produktiv einsetzen zu können, und wäre für einen Gesprächstermin dankbar.» Aus dem beiliegenden Lebenslauf führte er seine Ausbildung und Erfahrung auf sowie den Buchstabensalat von Software und Systemen, die er bedienen konnte («VM/CMS, OS/VS1, DOS/VSE, MS-DOS, RTS/E, VAX/VMS, UNIX, TOP-20...»). Unter «Berufsziel» schrieb er: «Computer-Programmierer».

Mit Bonnies Hilfe wurde er im Oktober 1987 von GTE eingestellt – um nur eine Woche später von einem Security Officer zu seinem Auto eskortiert zu werden, nachdem GTE seine kriminelle Vergangenheit in Erfahrung gebracht hatte. Verurteilten Computerkriminellen geht es wie verurteilten Kindesmißhandlern. Sie können zwar ihre Strafe absitzen, aber vergeben wird man ihnen nie.

Ein paar Monate später bekam Kevin eine kurze Verschnaufpause. Auf eine vage Vermutung hin hatte er sich als Berater für elektronischen Geldtransfer bei der Security Pacific Bank beworben. In seiner großen, krakeligen, fast kindlichen Handschrift füllte er den Bewerbungsbogen aus. Ob aus Verzweiflung oder in bewußter Täuschungsabsicht kreuzte er bei der Frage nach Vorstrafen einfach «Nein» an. Zu seiner Überraschung bekam er von der Personalabteilung der Bank einen Brief mit der Mitteilung, daß er den Job habe. Er war total aus dem Häuschen. Er lud Bonnie zum Dinner ein. Das Gehalt sollte 34 000 Dollar betragen – ein Haufen Geld für Kevin. Es wäre die erste richtige Anstellung in seinem Leben gewesen.

Erneut kam ihm sein Ruf dazwischen. Donn Parker, Sicherheitsberater bei SRI (Stanford Research International), einem High-Tech-Think-Tank in Palo Alto, hörte die Neuigkeit und war alarmiert. Er rief den Vorstand der Bank an und informierte sie ein bißchen über Kevins Vergangenheit. Jim Black, Detective für Computerkriminalität beim Los Angeles Police Department, tat dasselbe. Einen Tag bevor Kevin anfangen sollte, wurde sein Vertrag wieder rückgängig gemacht.

Ein paar Wochen später erreichte eine Pressemitteilung die Medien, wonach die Security Pacific Bank im ersten Quartal 1988 vierhundert Millionen Dollar Verlust gemacht habe. Die Mitteilung sah in jeder Hinsicht offiziell aus und war in korrektem Geschäftsjargon geschrieben. Wäre diese Meldung tatsächlich veröffentlicht worden, hätte sie der Security Pacific Bank ernsthaft schaden können. Glücklicherweise riefen die Nachrichtenagenturen bei der Bank an, um die Meldung kommentiert zu bekommen, und erfuhren dabei, daß sie nicht stimmte. Offenbar hatte sich da jemand einen Streich erlaubt – oder sollte es Rache gewesen sein?

Eines Tages klingelte das Telefon im SRI-Büro von Donn Parker, der nur ein paar Monate zuvor dafür gesorgt hatte, daß Kevin nicht eingestellt wurde.

«Hallo Donn», sagte eine Stimme, «hier ist Kevin Mitnick.» Parker hätte nicht überraschter sein können. Aber nachdem er ein paar Minuten mit Kevin gesprochen hatte, wurde ihm klar, daß Kevin keine Rache wollte, sondern einen Job. (Offensichtlich hatte Kevin keine Ahnung von Donn Parkers Rolle in seiner Security-Bank-Niederlage.) Parker war verblüfft, wie vernünftig und professionell Kevin klang, wie liebenswürdig und humorvoll er war. Er schien eine Menge über Parkers Arbeit zu wissen, über die Sicherheitsberichte für verschiedene Firmen und die Untersuchungen zur Computerkriminalität für das Justizministerium. Aber Kevin ging sehr gelassen damit um, geradezu zurückhaltend.

Kein Wunder, daß Kevin auf Parker gekommen war. Der lange, glatzköpfige Sicherheitsguru war für viele junge Hacker eine Art Vaterfigur. Wenn er Gefallen an einem fand, konnte man durch ihn einen hochdotierten Job als Sicherheitsberater bei einer coolen Company kriegen, konnte einer von denen werden, die auch noch dafür bezahlt wurden, den ganzen Tag im Computer rumzuflippen! Er war für Hacker das, was ein Nashville-Produzent für Countrymusiker ist – einer, der dich zum Star machen kann, wenn er deinen Sound mag. Oder dir zumindest einen ordentlichen Job vermittelt – was für einen Hacker genausoviel wert ist. Dieser Ruf war weitgehend ein Mythos. Ja, er heuerte manchmal Kids an, die eine besondere Begabung für Computer zeigten, aber er forderte mehr als heiße Luft. «Viele junge Hacker haben diese idealistische und pubertäre Vorstellung, daß sie berühmt werden, wenn sie nur irgendwas Extremes in Hackerkreisen machen», sagt Parker. «Sie glauben, sie könnten ohne Schulausbildung und ohne harte Ausbildung ein schicker Consultant werden.»

Kevin fragte Parker ganz direkt: «Ich suche nach einem Job als Consultant in der Information Security. Wäre SRI daran interessiert, mich einzustellen?»

«Nein, das glaube ich nicht», sagte Parker und klang wie immer gleichzeitig nachdenklich und klar. «SRI stellt nur Leute mit Erfahrung ein, die sich schon bewiesen haben.» Er sagte Kevin das, was er allen jungen Hackern empfahl: «Gehen Sie zurück zur Schule, und machen Sie einen Abschluß in Informatik oder Betriebswirtschaftslehre. Dann nehmen Sie eine Stelle an, wo sie ein paar Jahre bleiben und sich als zuverlässig erweisen. Kommen Sie danach wieder zu mir, und wir werden sehen, was wir für Sie tun können.» Kevin schluckte den Bescheid. Er bedankte sich bei Parker, verabschiedete sich und hängte auf.

Einige Monate später, nachdem man Kevins Computer konfisziert hatte, erfuhr Parker, warum Kevin für dieses Gespräch so gut vorbereitet gewesen war: kurz zuvor war Kevin offensichtlich in seinen Computer eingedrungen und hatte die E-Mail einiger Wochen gestohlen.

6 Der Wendepunkt in Kevins Leben war der 9. Dezember 1988, als Lenny DiCicco ihn ans FBI verpfiff. Über all die Jahre war zwischen Kevin und Lenny eine sonderbare Beziehung entstanden: Lenny war mal Stift, mal Sklave, mal Partner oder Vertrauter. Er kannte Kevins schlechteste Eigenschaften – seine Bösartigkeit und Rachsucht gegen seine Gegner, seine Arroganz und zur Weißglut treibende Fähigkeit, selbst Lügen zu verbreiten und gleichzeitig von anderen absolute Aufrichtigkeit zu verlangen.

Kevin und Lenny hatten ein paar ernstzunehmende Hacker-Expeditionen hinter sich. Monatelang waren sie tief im Easynet gewesen, dem internen Netzwerk von Digital Equipment. Sie waren hinter dem Quellcode von VMS her, der Betriebssystem-Software für Digital-Equipment-Computer und einer der wertvollsten Hackertrophäen. VMS betrieb weltweit Millionen von Computern – in Banken, Forschungsinstituten, Universitäten, sogar in einigen Luftraumkontrollsystemen. Wenn man daran käme, hätte man wirklich die Schlüssel zur elektronischen Schatzkiste! Es war beängstigend und unterhaltsam zugleich. Da waren diese zwei verlorenen Valley-Kids, die sich von schmierigen Burgern und Cola ernährten und gleichzeitig im elektronischen Herz eines der größten und technisch raffiniertesten Unternehmen des Landes herumoperierten. Mit der Zeit wagten Kevin und DiCicco immer mehr und lasen sogar die E-Mail der Firmendetektive, die hinter ihnen her waren. Kevin war augenscheinlich überzeugt davon, daß Digital sie auch dann nicht anzeigen würde, wenn man sie schnappte. Die Sicherheitsmängel waren einfach zu groß. Ihre Veröffentlichung wäre einfach zu peinlich. Aber das war nicht sein einziger Irrtum.

DiCicco hatte beobachtet, wie Kevin in den letzten Monaten immer obsessiver wurde. Er belästigte DiCicco an seinem Arbeitsplatz, er belog Bonnie über das, was er tat, er lieh sich Geld von DiCicco, ohne es zurückzuzahlen. Er verlangte von DiCicco, ihn nachts in sein Büro einzulassen, damit er dort umsonst hacken konnte. Und eines Tages – ob aus Spaß oder weil er wegen irgend etwas sauer war – rief er sogar DiCiccos Boss an, gab sich als Mitarbeiter der Finanzbehörde (IRS) aus und bat ihn, DiCiccos Gehalt nicht auszuzahlen, weil der «Onkel Sam noch etwas Geld schuldete».

Das brachte das Faß zum Überlaufen. DiCicco rief Digital an und packte aus. Digital brachte ihn mit dem FBI zusammen, und als nächstes hatten FBI und Sicherheitsexperten von Digital ein ausgeklügeltes Überwachungsnetz eingerichtet. Eines Nachts trug DiCicco eine Wanze, während Kevin in seinem Beisein hackte. Am nächsten Abend lockte DiCicco Kevin zu seinem Auto, wartete, bis der seine Tasche aus dem Kofferraum holte, in der alle Disketten, Papiere und das ganze Hackerzeug waren, und gab dann das vereinbarte Signal zur Festnahme. Fassungslos starrte Kevin seinen Freund an: «Warum?» – «Weil du mich verarscht hast.»

Kevin wurde zur Feststellung der Personalien nach San Pedro gebracht. Sie nahmen seine Fingerabdrücke und fotografierten ihn.

Zur Zeit seiner Festnahme besaßen er und Bonnie zwei alte Autos, die nichts wert waren, und 2377 Dollar auf dem Sparkonto. Sollte Kevin aus seinen Hackeraktivitäten irgendeinen Profit geschlagen haben, war er nicht nennenswert.

Das Foto, das in San Pedro aufgenommen wurde, zeigt einen kolossalen Unterschied zu der Aufnahme kurz nach seiner Hochzeit. Kevin ist unrasiert, trägt eine riesige Brille und sieht schmuddelig, fett und mißgelaunt aus. Genauso, wie man sich einen vorstellt, der im Schatten des Cyberspace lauert: gemein, rachsüchtig und kriminell.

Er wurde ohne die Möglichkeit einer Kautionshinterlegung in einer Sicherheitszelle verwahrt. Er durfte noch nicht mal telefonieren, wahrscheinlich hatte man Angst, er könnte durch einen Pfiff in den Hörer den 3. Weltkrieg auslösen. Bei der Kautionsverhandlung bezeichnete ihn die Richterin Mariana Pfaelzer als «eine sehr, sehr große Gefahr für die Gesellschaft».

Kevin paßte haargenau ins *Wargames*-Klischee. «Kevin Mitnick hat keinen Collegeabschluß, besaß nie einen eigenen Computer und ist, nach den Worten seiner Mutter, nicht besonders schlau», begann ein Artikel in der *Los Angeles Daily News* nach seiner Festnahme. «Aber sein Professor für Informatik am Pierce College sagt, Mitnick, 25, könne am Computer zaubern.»

Das war natürlich was für die Medien. Zeitungen und Fernsehstationen sprangen sofort drauf an. Digital heizte die Geschichte noch mit der Behauptung an, daß Kevin einen Schaden von vier Millionen angerichtet habe, eine absurde Summe, in der sicherlich ein Gutteil der Software-Entwicklungskosten von VMS steckte. Viele exzellente Reporter, unter ihnen John Markoff, beschäftigten sich mit dem Schadensfall. Die *Los Angeles Times* war eine der wenigen Zeitungen, die die Summe in Frage stellten. Sie machte die akzeptablere Rechnung von 160 000 Dollar auf, den Verlust der Computernutzungszeit und der Gehälter ihrer Angestellten mitgerechnet.

Wenn es darum ging, Kevins Stärken zu beschreiben, dann fielen unvermeidlich die Begriffe «Magier» oder «Hexer». Allerdings war damals in der öffentlichen Meinung nahezu alles magisch, was mit Computern zu tun hatte. Denn für die meisten Menschen waren Computer so fremd wie fliegende Untertassen. Auch wenn die eigentliche Redewendung an ein Delikt mit Handschuhen und Dietrich denken läßt: Wenn Kevin «in einen Computer einbrechen» konnte, etwa in den von USC oder sogar von Digital Equipment, dann bedurfte es für viele trotzdem keiner großen Phantasie, ihm das Anzetteln des 3. Weltkrieges zuzutrauen.

Nicht, daß die Computersicherheit kein legitimes Problem gewesen wäre. Aber bei der Entwicklung von Netzwerken und Software war sie immer sekundär. Viele der Bausteine der Netzwerkkommunikation wurden zu einer Zeit entworfen, als nur Wissenschafter damit arbeiteten. Es war ein System, das hauptsächlich auf Vertrauen basierte. Unter Computersicherheit verstand man, die Tür zum Computerraum hinter sich zuzuschließen, wenn man das Gebäude verließ. Niemand hatte diesen ungeheuren Ansturm vorausgesehen, die Massen, die sich mit ihren 100-Dollar-Modems aus dem Postversand im Cyberspace amüsieren würden, und die vielen unter ihnen, die willens und in der Lage wären, die grundsätzliche Offenheit des Systems auszunutzen.

Aber die Hacker-Paranoia wurzelte in etwas Primitiverem. Hacker wecken ganz archaische Ängste, die jenseits physischer Wirklichkeit existieren, in der Unterwelt von Bits und Bytes. Sie sind Geister, die in dein Leben treten und schwarze Magie betreiben. In gewisser Weise ist die anwachsende Furcht vor diesen Geistwesen Ausdruck der Entfremdung in der heutigen Zeit. Wir benutzen jeden Tag Autos und Telefone – wie viele Menschen verstehen, wie sie funktionieren? Computer haben das Geheimnis nur noch vertieft. Niemand weiß, welch seltsame Kreaturen in der elektronischen Wildnis hausen. Es ist der Terror des Unbekannten und Unergründlichen, der Terra incognita. Die Paranoia ähnelt der Verfassung der Kolonisten, als sie die unermeßliche Weite des neuen Kontinents begriffen. Um ihrer Angst eine Form zu geben, verkörperten sie sie in einer einzigen Gestalt: Satan. Plötzlich tanzte Satan in allen Wäldern und Höhlen New Englands. Er bekam Hörner und eine gespaltene Zunge. Hier war der Feind. Der Angst, die sie alle so tief empfunden hatten, gaben sie ein Gesicht und einen Namen. Und nun konnte man ausziehen und gegen sie kämpfen.

7 Beit T'Shuvah heißt auf hebräisch «Haus der Reue». Es liegt auf einem Hügel von Echo Park in Los Angeles. In den zwanziger und dreißiger Jahren war es schick, in Echo Park zu wohnen, aber inzwischen ist die Gegend mit den großen viktorianischen Villen und spanischen Bungalows ziemlich runtergekommen. Die Straßen sind voll mit räudigen Katzen, triefäugigen Kids, Stacheldrahtzäunen, und alle hundert Meter warnen große gelbschwarze Schilder: «Achtung! Drogenüberwachung – Sie werden fotografiert!»

Beit T'Shuvah ist eines der größten Häuser, eine verfallende, einstmals stolze Villa der Jahrhundertwende. Sie ist mit einem ebenso geschmackvollen wie deprimierenden Beige gestrichen. Auf der vorderen Veranda stehen ein paar wackelige Holzstühle und eine ramponierte Couch. Als ich dorthin kam, lehnten ein paar finster aussehende, verwahrloste Männer an der Wand und unterhielten sich leise, während ihre Blicke über die Landschaft huschten – den gelbgrauen Smog und die purpurne Silhouette der San Gabriel Mountains am Horizont.

Im Innern des Hauses geht es chaotisch zu. Direkt rechts vom Eingang liegt das überfüllte Büro von Harriet Rossetto, der Direktorin von Beit T'Shuvah. Obwohl schon im Haus ein ständiges Rein und Raus ist, übertrifft ihr Büro alles an Unordnung und Hektik. An den Wänden hängen sowohl verschiedene religiöse Gegenstände als auch ein Poster von Albert Einstein mit der Aufschrift: «Große Geister haben schon immer den gewalttätigen Widerstand von Kleingeistern herausgefordert.»

Rossetto, eine Sozialarbeiterin, hat die weise und müde Ausstrahlung einer Frau, die schon alles gesehen hat und nicht so leicht auszutricksen ist. Als ich sie traf, trug sie ein leuchtendrotes Jackett mit einem Engel als Anstecknadel. Sie gründete Beit T'Shuvah 1988, als sie sah, daß jüdische Ex-Knackis mit Suchtproblemen keinen Ort hatten, wo sie nach ihrer Entlassung hingehen konnten. Beit T'Shuvah bietet eine Kombination aus dem klassischen Zwölf-Stufen-Programm der Anonymen Alkoholiker und Unterweisungen im Judentum an. Rossetto nimmt alle auf: Sexsüchtige, Drogenabhängige, Alkoholiker, Spieler – für sie sind das alles Variationen derselben Krankheit.

Gleich hinter ihrem Büro ist die Gemeinschaftsküche. Sie sieht nicht besonders appetitlich aus. Gewelltes Linoleum, die Lebensmittel in Drahtgestellen gestapelt, Töpfe und Pfannen in einem rostigen Abwaschbecken, und es riecht nach der Mahlzeit vom Vorabend. Im Fernsehzimmer sind ein paar Sofas, aus denen der Schaumstoff quillt, abgenutzte Sessel und meistens einige offene Schlafsäcke, in denen vorübergehende Gäste übernachtet haben. Die Sitzungen finden draußen in einem kleinen Hinterhof statt. Hier kommen die Männer zusammen und erzählen ihre Geschichten – von der Sucht nach Alkohol, Sex, Drogen, was auch immer. Hier können sie Verständnis und Unterstützung finden. Die Schlafräume sind im zweiten Stock, ein paar Zimmer, vollgestopft mit Betten. Die dritte Etage ist offen wie ein riesiger Kasernenhof, mit einem Bett neben dem anderen. Ein Raum von überwältigend maskuliner Atmosphäre. Ein Ort, wo jeder des anderen Furz riecht, wo alle wissen, wer heimlich masturbiert hat, und wo nicht das dunkelste Murmeln im Schlaf unbemerkt bleibt.

Hier landete Kevin im Winter 1989. Hier sollte er sich von seinen Heldentaten am Keyboard lossagen und ein ganz normaler, friedlicher Bürger werden.

Kevins Abstieg ging ziemlich einfach vonstatten. Angestachelt von den Medien, wollte ihn der Richter hart bestrafen, aber

Kevins Anwalt Alan Rubin verwies auf die neuen Erkenntnisse über Computersucht. Damals sahen viele darin ein geschicktes Manövrieren auf legalem Boden. Wie auch immer. Für Kevin war es von Vorteil. Er verbrachte acht Monate in einem Gefängnis in Los Angeles, vier Monate im Lompoc Federal Prison Camp und sechs Monate in einem Reintegrationszentrum. Lompoc ist eine Anlage mit erleichterten Haftbedingungen und eigenem Tennisplatz. Als Kevin im Sommer 1989 dort ankam, war dies sowohl die Heimat des gefallenen Wall-Street-Engels Ivan Boesky als auch die eines Dutzends anderer Wirtschaftskrimineller. Im Gefängnis blieb Kevin für sich. Er schrieb Briefe an Bonnie. Seine Mutter spendete Trost und versuchte, ihm Mut zu machen. Er überlebte.

Am 8. Dezember zog er ins Beit T'Shuvah um und bekam ein Bett im dritten Stock zugewiesen. Seine Tage waren streng reglementiert. Er stand früh auf, frühstückte in der Gemeinschaftsküche. Wie jeder andere hatte er tägliche Pflichten. Eine davon war die Säuberung des Badezimmers im dritten Stock.

Er traf sich außerdem regelmäßig mit Rossetto. Von Anfang an erkannte sie in ihm die klassische Sucht-Persönlichkeit. Kevins Hackersucht war für sie der Spielsucht sehr ähnlich. «Dieser Adrenalinstoß ist ja tatsächlich physiologischer Natur und läßt das Gefühl der inneren Leere verschwinden. Wenn sie in Aktion sind, haben sie keine Depressionen mehr.» Sie glaubt nicht, daß sein Hacken mit Gier oder Geld zu tun hatte. «Er hackte, um sich besser zu fühlen. Um sich überhaupt zu spüren.»

Und warum Computer?

«Für jemanden, der sein Leben so wenig bestimmen konnte, so entsetzlich einsam, ohne Freunde und Unterstützung von der Familie war, für den sind Computer das einzig Verläßliche. Die Technik konnte er kontrollieren. Außerdem war er damit in einem sozialen Umfeld, das ihn als gleichwertig und kompetent akzeptierte. Wenn er an seinem Computer saß, war er nicht mehr die dicke Brillenschlange, er war jemand, zu dem die andern emporschauten.»

Von Kevin, dem großspurigen Hacker, war in Beit T'Shuvah

wenig zu merken. «Ich erlebte ihn als einen sehr verschlossenen und isolierten Menschen, der sich davor fürchtete, zurückgewiesen zu werden.» Mit den Gruppensitzungen hatte er große Schwierigkeiten. Er sprach nicht gern über sich, schon gar nicht vor Fremden. Und obwohl er ganz eindeutig sehr intelligent war, blieben seine Interessen doch sehr beschränkt. Er las kaum Bücher, aber er machte trotzdem Fortschritte. Er ging auf Diät und aß rigoros fast nur noch Gemüse und Körner. Er ging zu den Overeaters Anonymous, machte lange Spaziergänge mit der Gruppe und verbrachte viel Zeit bei Fitness-Übungen im Garten. Er verlor während seines Aufenthalts in Beit T'Shuvah in kürzester Zeit über fünfundvierzig Kilo. Er schloß Freundschaften, wurde allmählich lockerer in der Gruppe – und dann kam Onkel Mitchell.

Mitchell Mitnick ist der ältere Bruder von Kevins Vater. Nach den Akten zu schließen, hatte er ein wildes Leben geführt. Er hatte Detroit 1966 verlassen und war nach Kalifornien gegangen. «Ich verliebte mich sofort in Beverly Hills», sagt er. Er stieg ins Immobiliengeschäft ein, und zumindest in den Siebzigern ging's ihm sehr gut. «Ich lebte in der Broad Beach Road, Malibu», prahlt er, «neben Ali McGraw und Buddy Hackett.» Er entwickelte außerdem eine Vorliebe für Heroin. «Ich war völlig verrückt nach Drogen», bekennt er freimütig. Er schmiß mit dem Geld nur so um sich und ging pleite. Er bekam auch Ärger mit der Polizei. Allein zwischen 1981 und 1989 wurde Mitchell fünfzehnmal verhaftet, meistens wegen Drogendelikten, aber auch wegen Einbruchdiebstahl. Es war der reine Zufall, daß er zur gleichen Zeit wie Kevin in Beit T'Shuvah landete.

Fast sofort zog sich Kevin von der Gruppe zurück und hing sich an Onkel Mitchell. «Es war so, als sei ich sein Vater», erzählt Mitchell stolz. Rossetto war nicht so glücklich damit: «Sobald Onkel Mitchell auftauchte, waren die beiden nur noch unter sich.»

Bonnie kam ebenfalls regelmäßig zu Besuch. Sie und Kevin sprachen mit Rossetto über ihre Ehe. Bonnie wollte sie beenden.

Kevin nicht. Sie war richtig schockiert von seiner Verhaftung – sie wußte zwar, daß er mit Computern rumspielte, aber sie hatte keine Ahnung davon, wie tief er drin hing. Solange er im Gefängnis saß, hielt sie zu ihm, aber jetzt, so Rossetto, hatte sie endgültig genug. Sie hatte, vielleicht aus Protest, angefangen, sich mit Kevins bestem Freund Lewis DePayne zu treffen (später lebten sie für kurze Zeit zusammen). Kevin wiederum war besessen von ihr – er wollte wissen, was sie tat, wohin sie ging, mit wem sie sprach. Rossetto versuchte zu kitten, aber ohne rechte Hoffnung auf Erfolg.

Während Kevins sechsmonatigem Aufenthalt hatte sich Rossetto darauf konzentriert, ihm eine Arbeit in der richtigen Welt zu verschaffen. Das war nicht einfach. Ihm war es für drei Jahre verboten, einen Computer auch nur anzufassen. Aber das war Kevins einzige Qualifikation. Also schritt Rossetto ein und schaffte es, die Bewährungsauflagen so zu lockern, daß es Kevin erlaubt wurde, eine Computerarbeit zu suchen, aber kein Modem zu benutzen. Rossetto reizte die Idee, daß Kevins Schwäche in Stärke verwandelt werden könnte. «Beit T'Shuvah bedeutet ja auch, sein Leben zu wenden.» Sie half ihm, einen Lebenslauf zu schreiben. Sie empfahl ihm, wie er sich am besten präsentieren sollte. Sie kontaktierte Freunde, die ihm möglicherweise helfen konnten. Sie beriet ihn in Kleidungsfragen. Es nützte alles nichts. «Die Leute hatten Angst vor ihm», erinnert sie sich. «Ich fand das zu engstirnig. Ich dachte, irgend jemand müßte doch seine Qualitäten erkennen und ihn zum Verbündeten machen.» Sie glaubt immer noch, daß es funktioniert hätte. «Wenn er auch nur ein bißchen Respekt und Würde erfahren hätte, dann wäre alles gutgegangen.»

Statt dessen fingen Onkel Mitchell und Kevin bei Kevins Vater an zu arbeiten, der inzwischen seine Promoterkarriere an den Nagel gehängt hatte und nun im Baugewerbe war.

Kuckucksei war wohl kaum geeignet, Kevins Chancen auf einen Job im Computerbusiness zu verbessern. Das Buch war ein Tatsachenbericht über Clifford Stolls Suche nach einem Hacker, die mit einem Rechenfehler von fünfundsiebzig Cent im Computersystem in den Lawrence Berkeley Laboratories begann und mit der Festnahme eines westdeutschen Hackers endete, der geheime Daten des US-Militärs an den KGB verkauft hatte. Das Buch erschien im Dezember 1989, als Kevin gerade nach Beit T'Shuvah kam, und als er sechs Monate später wieder draußen war, stand es immer noch auf den Bestseller-Listen.

Der Erfolg des Buches hatte viele Gründe – der unterhaltsame Charme von Stolls Schreibstil, die Agentengeschichte und die futuristischen technischen Details. Aber noch wichtiger war, daß es die erste ‹nichthollywoodmäßige› Manifestation war, die Hacker als Bedrohung für die nationale Sicherheit beschrieb. Hier war der Beweis: ein deutscher Hacker war in die Computer des Militärs eingedrungen. Es spielte keine Rolle, daß dem KGB die Informationen nicht viel wert waren. Es roch trotzdem nach internationaler Verschwörung, kaltem Kriegsmanöver, nach unheimlicher Bedrohung, die dem nuklearen Zeitalter entsprang, und danach, daß die ganze Technologie eine satanische Religion war, die zur Apokalypse führen würde.

Zur gleichen Zeit boomte der Cyberspace. Im ganzen Land gab es plötzlich Mailbox-Systeme, überall sprach man von Telecommuting, elektronischen Geschäften und digitalem Bargeld. Krankenberichte oder Kreditunterlagen wurden im Computer gespeichert. Wenn man Geld brauchte, ging man an einen Automaten. Und zum Telefonieren benutzten immer mehr Menschen Handys. Das elektronische Netz wuchs und mit ihm die Angst und das Bewußtsein der eigenen Verletzlichkeit.

Inzwischen ging in Kevins Leben einiges daneben. Im September 1990 reichte Bonnie die Scheidung ein. Der Job bei seinem Vater dauerte nur ein paar Monate. Er ging nach Las Vegas, wahrscheinlich um näher bei seiner Mutter und Großmutter zu sein, die kurz zuvor in die Gegend gezogen waren. Er schrieb sich für kurze Zeit an der University of Nevada ein, belegte Kurse in Ernährungswissenschaft, Tennis und Diätberatung. Er dachte doch tatsächlich daran, Fitnesstrainer oder Sportlehrer zu werden. Um in Kontakt mit einer Unterstützergruppe zu bleiben, wollte er eigentlich zu den Treffen der Anonymen Alkoholiker gehen, aber er konnte sich nicht überwinden, sich vor eine Menschengruppe zu stellen und zu sagen: «Mein Name ist Kevin, und ich bin Hacker.» Vielleicht schämte er sich, oder vielleicht dachte er, es würde sowieso nichts nützen (und vielleicht lag er damit nicht falsch). Er bekam einen Job bei Passkey Industries, wo er einfache Computerarbeiten erledigte. Für den Spaß im Leben war Susan Headley zuständig, die zufällig auch in Las Vegas war, sich als professionelle Pokerspielerin verdingte und nebenbei einen Escort-Service betrieb. Sie hingen manchmal zusammen rum und machten Scherze wie den, mit einem Funkgerät die Mikrofonanlagen eines Drive-Through-Restaurants zu unterbrechen und den Kunden «Fuck you» entgegenzuschreien.

Bis zum Frühjahr 1991 war er einigermaßen clean. Dann holte ihn seine Vergangenheit wieder ein.

8 Katie Hafner interessierte sich sehr für Cyberpunk. Sie hatte kürzlich ihren Job als Reporterin bei *Business Week* aufgegeben, wo sie die wöchentlichen Ins und Outs der High-Tech-Branche betreute. Nun wollte sie etwas Herausforderndes machen. Zu der Zeit war sie mit John Markoff verheiratet, der gerade seine Stelle als Wirtschaftsredakteur bei der *New York Times* angetreten hatte. Ein Buch über den Computer-Underground bot sich für die beiden geradezu an. Es war eine neue, unerforschte Kultur, eine mit weitreichenden Auswirkungen auf die Zukunft und eine – wie der Erfolg von *Kuckucksei* zeigte –, die viele potentielle Buchkäufer interessierte.

Markoffs Engagement war, um es vornehm auszudrücken, zurückhaltend. Obwohl sie vorhatten, es gemeinsam zu schreiben, besaß Markoffs Job bei der *New York Times* doch oberste Priorität. Für ihn war es, nach zehn Jahren Journalismus in Silicon Valley, der Höhepunkt seiner Karriere. Er war in der Bay Area aufgewachsen und kannte sie in- und auswendig. In den Achtzigern, als Silicon Valley boomte, tingelte er zwischen Handelsblättern und Tageszeitungen wie dem *San Jose Mercury* und *San Francisco Chronicle* hin und her. Jetzt lebte er in New York und berichtete für die einflußreichste Zeitung des Landes über etwas, das sich zu einer kulturellen und technologischen Revolution auswuchs.

Im Winter 1989 fing Katie mit der Arbeit an dem Buch an. Kevins Geschichte, die ein paar Monate vorher durch alle Zeitungen gegeistert war, war genau das, wonach sie suchte. Sie verbrachte Monate damit, Kevins alte Clique zu interviewen – Lewis DePayne (der unter dem Pseudonym «Roscoe» auftauchte), Susan Headley (als «Susan Thunder»), Steve Rhoades, Lenny DiCicco und andere. Kevin, der zu der Zeit in Lompoc und Beit T'Shuvah weilte, weigerte sich, ohne Honorar mit ihr zu sprechen.

Cyberpunk erschien im Juli 1991 (der Titel bezog sich auf ein Science-fiction-Genre, das durch Autoren wie William Gibson, Vernor Vinge und Neal Stephenson populär geworden war). Das erste Drittel, «Kevin: the Dark-Side Hacker» überschrieben, ist seinen Heldentaten gewidmet. Ein lebendiger, detaillierter und chronologischer Trip durch Kevins einsame Welt. Walter Mosley schrieb in der *New York Times*: «*Cyberpunk* macht die wichtige Verbindung klar, die zwischen einer wild wuchernden technologischen Entwicklung und einer unbefriedigten Jugend besteht, die hungrig nach Liebe, Macht und Rache ist. Nach Ansicht der Autoren kreieren diese virulenten Teenageremotionen in Kombination mit den ungeheuren Möglichkeiten der modernen Technologie eine wahrhaft beängstigende Situation.» Oliver Stone erwarb sofort eine Option auf die Filmrechte.

Um ihr Buch bekannt zu machen, durchliefen Markoff und Hafner die übliche Prozedur: Lesungen in Buchhandlungen und Auftritte in Fernseh- und Radioshows. Markoffs Mutter gab eine Party in ihrem Haus in Palo Alto. Außer Freunden und Bewunderern waren noch Leute aus der Computerindustrie und ein paar Journalisten zugegen. Auch ein stiller, theoretischer Physiker und

Computerwissenschaftler aus San Diego war dabei, der eine große Rolle in Kevins Zukunft spielen sollte: Tsutomu Shimomura.

Ruhm war für Kevin ein Pakt mit dem Teufel. Er gab ihm die Anerkennung, die er ersehnt hatte und zugleich verabscheute. Auf der einen Seite ist er eine sehr introvertierte Person. Die Vorstellung, daß sein Leben derart der Öffentlichkeit preisgegeben war, mußte für ihn so sein, als wandere er nackt durch eine Menschenmenge. Noch schlimmer war, daß Markoff und Hafner daraus Kapital schlugen. Außerdem wußte Kevin auch sehr genau, daß dieses Buch jegliche Chance auf ein neues Leben zerschlug. Nun würde er für immer als «Kevin: the Dark-Side Hacker» bekannt sein. Er und seine Freunde sprachen von dem Buch nur noch als «Cyberjunk» oder «Cyberkotze». Auf der anderen Seite verschaffte ihm der Ruhm einen Status. Er war ein Star. Über wieviel andere Kids aus Panorama City war schon ein Buch geschrieben worden? Er war ganz groß darin, über Ungenauigkeiten des Buches zu meckern und gleichzeitig darüber zu spekulieren, wer wohl seine Rolle im Film spielen würde.

Nicht lange nach Erscheinen von *Cyberpunk* veröffentlichte Kevin einen Kommentar dazu in *2600: The Hacker Quarterly*. Darin beklagte er, daß die Autoren ihm schaden wollten, weil er sich geweigert hatte, mit Katie Hafner zu sprechen. Interessanterweise leugnete er nicht die Fakten, abgesehen von ein paar Kleinigkeiten wie der, daß er nicht gegessen habe, als er Bonnie im Computerraum des Learning Centers kennenlernte. Am meisten schien ihn zu ärgern, daß Lenny DiCicco – dieser Überläufer – besser wegkam als er. Darüber läßt sich streiten. Aufschlußreicher war dann eine kurze Begegnung zwischen ihm und Katie Hafner in Tom Snyders Radio-Talk-Show, als Katie dort zu Gast war. Kevin rief in der Show an. Er klang nervös und war von besänftigender Höflichkeit.

TOM SNYDER: Und hier haben wir jetzt Kevin in Las Vegas.
KEVIN MITNICK: Hallo?
TOM: Ja.
KEVIN: Hier ist Kevin Mitnick, ich bin eine der Hauptpersonen des Buches und habe ein paar Anmerkungen und Fragen an Katie Hafner.
TOM: Okay.
KATIE HAFNER: Hi, Kevin.
KEVIN: Die Frage, die ich habe, betrifft Ihr Buch, von dem ich glaube, daß 80 % stimmen und 20 % nicht.
TOM: Also nichts von dem, was sie über Sie schrieb?
KEVIN: Nein, ich spreche über die zwei Kapitel, die von mir handeln – davon stimmen 80 %. Meine Frage betrifft zum Beispiel die Beschreibung, die Sie vorhin in dieser Sendung gemacht haben, wie jemand das Paßwort einer Sekretärin herausbekommen konnte, indem er das Loginout-Patch verwendete. (Softwareanwendung, die öfter von Hackern installiert wird, um Paßwörter von Usern zu stehlen, wenn sie sich ins System ein- und ausloggen. Anm. d. Ü.)
KATIE: Stimmt.
KEVIN: Aber das ist in sich unstimmig. Ich bin sicher, daß wir jetzt nicht die Zeit dafür haben, diese spezielle Geschichte zu klären, aber ich möchte wissen, warum Sie mich als den Anführer des Ganzen und Lenny als Laufburschen darstellen.
KATIE: Also, erst mal vielen Dank für Ihren Anruf, aber ich möchte erwähnen, daß ich mehr als zwei Jahre lang versucht habe, mit Ihnen zu sprechen. Ich habe Sie in so vielen Briefen gebeten, mir Ihre Version der Geschichte zu erzählen. Und jetzt kommen Sie damit an. Das hätten Sie doch viel früher tun können.
KEVIN: Es stimmt. Sie haben versucht, mich zu erreichen, und ich habe Ihnen erklärt, daß ich es nicht richtig finde, wenn ich für meine Zeit nicht entschädigt werde. Meine Hauptfrage gilt aber –
TOM: Aber Kevin, Sie wissen doch – und übrigens, ich kritisiere

Ihre Haltung nicht–, also, wenn jeder für das, was er sagt, entschädigt werden will, dann würde niemals auch nur ein einziges Buch geschrieben werden.

KEVIN: Also, jetzt werd ich ja auch nicht bezahlt und rufe aus reinem Interesse an.

TOM: Lassen Sie mich mal eine Frage stellen. Das scheint hier ein sehr interessantes Gespräch für uns alle zu werden – könnten sie dranbleiben, und wir machen eben die Werbung?

KEVIN: Klar.

TOM: So, hier sind wir wieder. Ich hab vergessen, wo wir waren – Kevin?

KEVIN: Ich hab ein paar Fragen und eine Anmerkung.

TOM: Ah ja, okay.

KEVIN: Katie, meine erste Frage: In den Korrekturfahnen erwähnten Sie, daß Lenny Computersicherheitsberater bei Digital werden sollte. Auf Anordnung des Gerichts hatte Digital es ihm als Entschädigung angeboten. Warum stand diese Information nicht mehr in dem Buch, das dann bei Simon & Schuster erschien?

TOM: Und, so ganz nebenbei, Katie, wer ist dieser «Lenny»?

KATIE: Lenny DiCicco ist Kevins Freund, der ihn wahrscheinlich an das FBI verriet. Zusammen mit Kevin brach er in die Computer ein. Das war mein Fehler, Kevin. Es wurde mir im Vertrauen erzählt, und ich hab es trotzdem hingeschrieben. Aber als mir klar wurde, daß das nicht richtig ist, hab ich's wieder gestrichen.

KEVIN: Okay, ich hab mich nur gewundert.

TOM: Kevin, Kevin – kann ich mal was fragen? Sie leugnen nicht, daß Sie in die Computer eingedrungen sind, oder? Das stimmt doch, oder?

KEVIN: Ja, das stimmt.

TOM: Warum haben Sie das getan? Ich wollte Katie das fragen, aber jetzt, wo Sie dran sind... Worin liegt der Thrill oder das Motiv, solche Sachen zu tun?

KEVIN: Zuallererst ist es die Faszination, mehr über Computersysteme zu lernen. Also, während der Ausbildung bieten sie keine derart tiefgehende Forschung an.

TOM: Klar tun sie das nicht, weil all diese Programme Digital Equipment gehören!

KEVIN: Was für Programme? Haben Sie mich nach einem speziellen Programm oder allgemein gefragt?

TOM: Ich wollte nur wissen, ob Sie wußten, daß Sie etwas Illegales tun, wenn Sie in ein System einbrechen, oder ob Sie glaubten, das Recht dazu zu haben.

KEVIN: Oh, natürlich wußte ich, daß es illegal war. Aber ich wußte nicht, daß das Ihre Frage betraf. Ich dachte, Sie wollten ganz allgemein wissen, warum ein Hacker hackt und was die Motive dahinter sind.

TOM: Also, Sie behaupten, daß die Motivation der Wissensdurst ist, weil man an diese Informationen nicht auf normalem Weg drankommen kann.

KEVIN: Das ist nicht unbedingt richtig. In erster Linie geht es darum, mehr über Betriebssysteme und Computersysteme zu lernen – wie es tickt, eben. Kann ich noch eine Frage stellen?

TOM: Okay, noch eine an Katie, und dann bin ich wieder dran.

KEVIN: Gut, Katie – ich habe sie aufgeschrieben.

TOM: Bleibt dran, wir sind gleich wieder da.

WERBEBLOCK

TOM: Kevin, Sie haben nur noch eine Minute.

KEVIN: Okay, ich mache jetzt nur noch eine Anmerkung. Das Problem sind nicht die unsicheren Betriebssysteme. Digital hat in der Fertigung ihrer Systeme sehr gute Arbeit geleistet. Wenn nur die Manager an der Front die Werkzeuge benutzen dürften, die Digital verfügbar gemacht hat, wenn allein sie die Informationen in den Sicherheitsbroschüren lesen könnten, die Digital seinen Kunden mitgibt, dann wäre das ganze System viel sicherer und nicht mehr so leicht zu verletzen.

TOM: Okay, Kevin.

KATIE: Das ist ein guter Punkt – er hat da einen wichtigen Aspekt gebracht.

Tom: Gut, Kevin, vielen Dank für Ihren Anruf.
Kevin: Danke.
Katie: Danke, Kevin.
Tom: Und übrigens, Kevin, wenn Sie unglücklich mit dem Buch sind, werden Sie mit dem Film bestimmt zufriedener sein. Ihr Part wird so geglättet sein, daß Sie es kaum glauben werden.

9 Etwa sechs Monate nach Erscheinen von *Cyberpunk* nahm Kevin an einer Konferenz teil, die von DECUS (Digital Equipment Computer Users Society) veranstaltet wurde, einer einflußreichen Organisation mit etwa 110000 internationalen Mitgliedern. Digital war natürlich das Ziel von Kevins am intensivsten betriebenem Eindringen gewesen und dessen Sicherheitspersonal in Kevins Verhaftung involviert. Obwohl Kevin seine Zeit in Lompoc und Beit T'Shuvah hinter sich hatte, war er immer noch auf Bewährung, und es war ihm verboten, ein Modem auch nur anzufassen – ein ‹digitaler› Hausarrest also.

Wenn er ernsthaft versuchte, seriös zu werden, ist es verständlich, daß Kevin an dieser Zusammenkunft teilnehmen wollte. Wenn er irgendwie in die Computer-Security reinkommen wollte, dann waren dies die Leute, die er für sich gewinnen mußte. Digitals System war dasjenige, das er am besten verstand – und seitdem er erfolgreich darin eingedrungen war, kannte er vermutlich Details der Systemschwächen, die für jeden, der sich um Digitals Sicherheit zu kümmern hatte, sehr wertvoll waren. Andererseits war das Reinschleichen in eine DECUS-Veranstaltung genau die Nummer, die der alte Kevin abgezogen hätte. Nicht, daß dort irgendwelche Betriebsgeheimnisse veröffentlicht wurden. Es lief viel subtiler. Er konnte einfach umherschlendern, Namen mit Gesichtern verbinden, Gesprächen lauschen – wer wußte schon, was für wertvolle Leckerbissen er dabei aufschnappen würde?

Kevin behauptete später, seine Intentionen seien ehrlich und seriös gewesen. Was dann auf dieser Konferenz passierte, erfüllte ihn noch Jahre später mit Bitterkeit. Wahrscheinlich war es der Moment, in dem ihm klar wurde, daß er seine Vergangenheit niemals hinter sich lassen konnte.

«Ungefähr um 9.15 Uhr betrat ich die South Hall, um mich für das gesamte DECUS-Symposium anzumelden», schrieb Kevin später in einem *Security Industry Newsletter*. Er benutzte beim Ausfüllen des Formulars seinen richtigen Namen, ließ aber den Namen seines damaligen Arbeitgebers weg, «weil der wegen meiner delikaten Geschichte nicht genannt werden wollte». Als er das Formular ausfüllte, unterließ er irrtümlich die Unterzeichnung der Rechtsvorschriften (die verkürzt lauteten: Du sollst auf diesem Symposium nicht hacken). Kevins Erklärung: «Ich war total in Eile, weil so viele Leute hinter mir standen und ich noch im Übungsraum trainieren wollte.»

Auf seinem Weg stieß er auf Ray Kaplan, einen Sicherheitsberater, mit dem er ein gutes Verhältnis hatte. Kaplan fragte ihn, ob er ein paar Leute kennenlernen wollte. «Ich stimmte nur zögernd zu», schrieb Kevin, «weil ich wußte, daß ein paar Leute nicht allzu glücklich über meine früheren Tätigkeiten waren.» Nachdem Kevin eine Stunde lang im hoteleigenen Studio trainiert hatte, führte Kaplan ihn herum. Er schüttelte ein paar Hände, sagte ein paar Hallos. «Ich wollte einfach im Hintergrund bleiben und mich nicht in irgendwelche Auseinandersetzungen verwickeln lassen.» Ein DECUS-Mann, von Kevin «Mr. X» genannt, wußte von Kevins Aktionen und war «schockiert», als ihm der berüchtigte Hacker vorgestellt wurde. «Ich sagte Mr. X, daß ich überhaupt nicht mehr daran interessiert wäre, das System seiner Firma zu hacken, sondern daß ich ihm gerne jegliche Informationen geben würde, die ihn interessieren könnten.» Danach verließ Kevin die Veranstaltung und ging zu Bett.

Als er sich am nächsten Morgen wieder in der South Hall einchecken wollte, warteten schon drei DECUS-Mitarbeiter auf ihn – zwei Männer und eine Frau. Einer der Männer fragte nach Kevins Namen. «Dann sollte ich mich ausweisen, und ich zeigte ihnen meinen Führerschein. Er schaute darauf und sagte: ‹Sie dürfen hier nicht rein.› Ich fragte: ‹Warum?› Er sagte: ‹Sie wissen, warum.› Ich sagte: ‹Nein, warum?› Er wiederholte nur: ‹Sie wissen, warum.›» Damit wurde Kevins DECUS-Akkreditierung eingezogen, und er wurde aus dem Gebäude hinausbegleitet. Ray Kaplan sagte später zu Kevins Gunsten aus, daß Kevin keine Vorschrift verletzt habe. Er hätte den Kongreß ohne weiteres unter falschem Namen besuchen können, aber das war nicht der Fall gewesen. Und wenn sie schon solche Angst vor Ex-Hackern hätten, warum habe es dann kein Geschrei wegen Lenny DiCicco gegeben, der zufällig auch dort gewesen sei? Seine Argumente stießen auf taube Ohren. Kevin durfte nicht wiederkommen. Für ihn war die Botschaft klar: Dir kann man nicht vertrauen, dir wird nicht vergeben.

Knapp einen Monat später traf Kevin der nächste Schicksalsschlag. Sein 21jähriger Halbbruder Adam wurde am 7. Januar 1992 tot in einem abgestellten Auto aufgefunden. Todesursache war eine Überdosis Heroin. Oberflächlich gesehen hatten Kevin und Adam nichts gemeinsam. Adam war sieben Jahre jünger, und sie hatten nie im gleichen Haushalt gelebt. War Kevin fett, einsam und schrullig, so tat sich Adam durch Schlankheit, Geschmack und Beliebtheit hervor. In seinen High-School-Tagen war er ein wilder Punker gewesen, aber das legte sich, als er älter wurde. Wie sein Vater und Onkel Mitchell war er im Baugewerbe und hatte sich erst kürzlich spezialisiert und selbständig gemacht. Er war das Lieblingskind seines Vaters. So wenig Aufmerksamkeit Kevin bekommen hatte, so viel war Adam zuteil geworden. Trotzdem bedeutete Adam sehr viel für Kevin. Sie gingen oft zusammen trainieren, sprachen viel über familiäre Angelegenheiten. So kaputt Kevins Familie auch war, bedeutete sie ihm doch sehr viel und war das einzige, woran er wirklich hing.

Kevin war in Las Vegas, als er die Nachricht von Adams Tod erhielt. Zur Beerdigung kam er nach L. A. Paranoid wie er war, hatte er jede Menge Fragen. Und plötzlich schien seine Paranoia berechtigt. Man hatte Adams Leiche auf dem Beifahrersitz eines

Autos in Echo Park gefunden. Es brauchte keinen besonderen Spürsinn, um darauf zu kommen, daß jemand bei ihm gewesen sein mußte, der ausgeflippt war, als er merkte, daß irgendwas schieflief, und Adam einfach seinem Tod überließ. Wie Kevins Freunde berichteten, war Onkel Mitchell der letzte gewesen, der Adam lebendig gesehen hatte. Und Onkel Mitchell, das wußte jeder, hatte eine lange Romanze mit Heroin hinter sich. Hier einen Zusammenhang herzustellen war nicht besonders abwegig. Mitchell bestritt es, dennoch bekam die Beziehung zwischen ihm und seinem Bruder Alan einen Riß. Nach Adams Tod sprach Alan nicht mehr mit ihm.

10

Anfang 1990 kamen ein paar Verantwortliche zu der Überzeugung, daß man einen Hacker braucht, um einen Hacker zu fangen. Daß sie Kevin 1988 fassen konnten, lag nur daran, daß Lenny DiCicco ihn verraten hatte. Daß Cliff Stoll den deutschen Hacker Markus Hess in *Kuckucksei* gekriegt hatte, lag daran, daß Stoll genausoviel über Computer wußte wie Hess (und vielleicht sogar mehr). Als holländische Hacker 1991 während des Golfkrieges in US-Militär-Computern rumschnüffelten, wurden sie von einer Truppe privater Sicherheitsexperten aufgespürt, zu denen Tsutomu Shimomura gehörte. Die legalen Versuche der Behörden, den Hackern das Handwerk zu legen, waren fast immer erfolglos geblieben. In den späten Achtzigern bestand ihre Strategie ganz unterschiedslos darin, Türen einzutreten und das Computerequipment eines jeden Verdächtigen zu konfiszieren. Einige dieser Razzien waren gerechtfertigt, viele nicht. Daraufhin wurde die Electronic Frontier Foundation gegründet.

Es ist also nicht verwunderlich, daß die Justiz daran interessiert war, eine neue Strategie zu entwickeln. Warum nicht einen anderen Hacker anheuern – ihn zum Doppelagenten machen? Das war eine erprobte Überführungsstrategie – bei Drogendelikten, normaler Kriminalität oder russischer Spionage. Der Typ, den sie schließlich dafür auswählten, war ein rätselhafter, verstörter, einbeiniger Krimineller namens Justin Petersen.

Anders als Kevin, der nie ein besonders lustvolles oder luxuriöses Leben geführt hatte, nahm Justin Petersen alles mit, was sich anbot. In den Achtzigern gehörte er zum festen Inventar der Club-Szene von Hollywood, wie dem Roxy und dem Whiskey and Gazarri's. Er hatte seinen Unterschenkel verloren, als ihn ein Auto auf dem Sunset Boulevard von seiner Harley fegte. Aber irgendwie machten ihn das Hinken und die Prothese noch interessanter. Er hatte immer eine Braut im Arm, er wußte, wo man ein bißchen Koks kriegte, und er fuhr einen netten, kleinen Porsche. Einen netten, kleinen geklauten Porsche.

Außerdem kannte er sich im Telefonnetz aus. Eines seiner berühmtesten Hackerstückchen hatte Kevin Poulsen inspiriert, der zeitweilige Freund und Kumpel von Petersen, der damals untergetaucht war. Unter anderem wurde Poulsen wegen Diebstahls von militärischen Dokumenten gesucht, die er während eines Jobs bei SRI Ende der Achtziger geklaut hatte. 1990 entwickelte Poulsen einen ausgeklügelten Plan, wie man bei einem Radioquiz den Preis gewinnen konnte. Durch die Kontrolle der Telefonleitungen gewannen er und andere Geld, zwei Porsche und eine Hawaiireise. Petersen ergaunerte sich später bei einem ähnlichen Wettbewerb 10 000 Dollar mit der gleichen Masche. Bei solchen Geschichten hatte Kevin Mitnick nie mitgemischt.

Petersen, auch als «Eric Heinz» bekannt, floh schließlich nach Texas, um seiner Festnahme zu entgehen. Dort setzte er sein Lebemanndasein fort. Er lebte auf Kreditkarten – den Kreditkarten anderer Leute. Dann passierte etwas Interessantes. Laut Gerichtsakten erhielt er am 10. April 1991 einen ungewöhnlichen Anruf von Special Agent Richard Beasley, FBI. Wie Petersen sagt, gab er Beasley gegenüber zu, daß er damals in Kalifornien Equipment von Pacific Bell gestohlen hatte, um es anschließend zum illegalen Eindringen in ihr Computernetz zu benutzen. Er gab außerdem zu, Telefone angezapft zu haben und in die Credit-Reports von TRW eingedrungen zu sein. Vielleicht sagte er auch ein bißchen was über Kevin Poulsen.

Denn obwohl Justin Petersen ein gesuchter Mann, ein Hacker mit eindeutig kriminellen Intentionen war, standen am nächsten Tag keine FBI-Agenten vor seiner Tür. Statt dessen wurde merkwürdigerweise Kevin Poulsen festgenommen.

Kurze Zeit darauf tauchte eine regelrechte Armee von Polizeibeamten bei Petersen auf, die alle nicht dem FBI angehörten. Darunter befanden sich US-Postinspektoren und Leute vom Dallas Sheriff's Department. Petersen wurde immerhin wegen acht verschiedener Delikte gesucht. Und wieder intervenierte das FBI. Er bekannte sich schuldig, wurde auf Bewährung freigelassen und kehrte nach Kalifornien zurück. Welche Arrangements getroffen wurden, ist nicht ganz klar. Aber am 18. Oktober 1991 wurde Petersen vom FBI an einen Lügendetektor angeschlossen. Vermutlich wollte man seine Glaubwürdigkeit als Informant testen. Noch am gleichen Tag sprachen er und sein Anwalt mit David Schindler, einem US-Staatsanwalt in Los Angeles, in der Woche darauf mit dem FBI-Agenten Stanley Ornellas. Und dann war man soweit, auf Hackerjagd zu gehen.

Wie Petersen sagt, regelte das FBI alles für ihn. Sie brachten ihn in ein sicheres Haus in West-L. A. und zahlten ihm 200 Dollar die Woche plus Spesen. Er kaufte sich neue Klamotten und aß in netten Restaurants. Als Gegenleistung setzte er seine technischen Fähigkeiten dafür ein, Computerkriminelle zu schnappen.

Seine erste Aufgabe: Poulsens Computer zu finden, der irgendwo bei Poulsens Freund Ron Austin versteckt war. Das FBI glaubte, der Computer müsse SRI-Dokumente enthalten – das stimmte auch, aber sie waren nicht so brisant wie erhofft. Petersen war sein Geld wert. Er spürte Austin auf, der ihm den Computer zugänglich machte. Austin wurde gestellt und der Computer konfisziert.

Dann machte Petersen sich an sein nächstes Projekt. «Du könntest dir einen Orden verdienen, indem du uns hilfst, Kevin Mitnick zu schnappen», sagte, laut Petersen, eines Tages ein FBI-Agent zu ihm. Petersen war einverstanden – warum auch nicht? Obwohl er nie mit Kevin zusammengetroffen war, hatte er doch schon eine Menge von ihm gehört. Damit er noch besser auf dem laufenden wäre, drückte man ihm eine Ausgabe von *Cyberpunk* in die Hand.

Mit Kevins Job im Geschäft seines Vaters hatte es nicht geklappt. Es gab zu viele Spannungen zwischen ihnen, zu viele unterdrückte Emotionen. Außerdem war Kevin nur für eines gut – Computer –, und die waren im Baugeschäft nicht gerade vonnöten. Kevin kündigte also und nahm einen Job als Rechercheur bei Teltec an, einer privaten Ermittlungsfirma ganz in seiner Nähe bei Calabasas. Die Anstellung verdankte er seinem Vater, der ein schlechtes Gewissen ihm gegenüber hatte und mit einem der Besitzer befreundet war. Wie DePayne sagte, hatte Kevin nur stumpfsinnige Aufgaben zu erfüllen. Sein Tag bestand darin, Datensätze nach Immobilientransaktionen und Scheidungsfällen zu durchforsten. DePayne tat sein Bestes, sich als loyaler Freund zu erweisen. Er behauptete, Kevin hätte bei Teltec nicht gehackt, «vielleicht hat er ein bißchen Social Engineering betrieben...».

Oder vielleicht doch ein bißchen mehr?

Auf jeden Fall bekam Teltec im Juni 1992 Ärger. Die Besitzer wurden festgenommen wegen des Verdachts, TRW-Computer angezapft zu haben. Als Indiz verwiesen sie auf Kevin – und der verschwand prompt. Das FBI, ganz erpicht auf einen großen Fang, wollte Mitnick nun mit Petersens Hilfe schnappen.

Als Petersen sich im Sommer 1992 an Kevins Fersen heftete, litt der immer noch unter Adams Tod. Er war unzufrieden mit der Unfähigkeit der Polizei von L. A., endlich denjenigen zu finden, der Adam sterbend im Auto zurückgelassen hatte. Konnte es sein, daß Onkel Mitchell etwas damit zu tun hatte? Oder doch nicht? Es wäre Kevin durchaus zuzutrauen, daß er wieder anfing zu hacken, um die Antwort darauf zu finden.

Petersen gab einem seiner Kumpel unter den Hackern den Hinweis, daß er auf der Suche nach Kevin wäre. Kurze Zeit später kam auch schon ein Telefongespräch zwischen den beiden zustande. Unter dem Pseudonym «Eric Heinz» gewann er in perfider Weise Kevins Vertrauen. Kevins Freunde sagen, er habe Kevin erzählt, er und Adam wären mal mit der gleichen Frau zusammengewesen, mit einer mysteriösen Person namens «Erin». Das mochte stimmen oder auch nicht. Es lag auf jeden Fall im Bereich des Möglichen, denn Justin und Adam hatten in der gleichen Club-Szene verkehrt.

Damals hing Kevin mit seinem alten Freund DePayne rum. Justin versuchte, sich an sie dranzuhängen. Er lud sie zu sich nach Hollywood ein und stachelte sie auf, Trouble zu machen. Er erzählte ihnen, wie viele Leitungen er schon angezapft habe, oder tischte ihnen irgendein Geheimnis über einen Pac-Bell-Computer auf, den er angeblich irgendwo hatte mitgehen lassen. Kevin und Lewis brauchten nicht lange, um mitzukriegen, was da in Wahrheit gespielt wurde. Sie waren weniger beunruhigt als belustigt – das «FBI-Hacker-versucht-Hacker-zu-erwischen»-Szenario paßte sehr gut in ihre Verschwörungsphantasien.

Nicht lange darauf beschlossen sie, den Spieß umzudrehen. Ihnen schien es so, als sei er viel gefährlicher als sie selbst – er beging Verbrechen im Namen des Gesetzes. Nachdem sie einen Anwalt aufgesucht hatten, zeichneten sie seine Telefongespräche auf und stachelten nun wiederum ihn an, von seinen Abenteuern zu erzählen. Sie folgten ihm ins Studio One, einen Nachtclub auf dem Santa Monica Boulevard in L. A., in dem Petersen regelmäßig eine sogenannte Midnight-Mass-Party besuchte («jede Menge billige Mädchen in teuren Klamotten», spöttelte DePayne). Über einen Zeitraum von sieben Monaten spielten sie jetzt mit ihm. Sie verfolgten jede seiner Bewegungen, um ihm etwas nachweisen zu können. Und sie versuchten nun ihrerseits, ihn zu kriminellen Handlungen zu bewegen.

Petersen sagte, Kevins «Beobachtung» hätte schon an Belästigung gegrenzt. «Einmal rief er sogar bei meinem Vater an und sagte, er arbeite im Krankenhaus, meine Mutter sei bei einem Autounfall schwer verletzt und daß er eine kleine finanzielle Auskunft von ihm brauche. Und wissen Sie, mein Dad, der war total geschockt und hat ihm sofort alles gesagt, was er wissen wollte – Social Security Number, Kontonummer, alles.»

In erster Linie gestützt auf das, was man von Petersen über Kevins Aufenthalt erfahren hatte, stürmte das FBI im September 1992 seine und DePaynes Wohnung. Kevin hatte entweder Glück oder die entsprechende Information – er war nicht daheim. Im November wurde ein Haftbefehl wegen Verstoßes gegen die Bewährungsauflagen und unerlaubten Eindringens in den Computer von Pac Bell erlassen.

Zu dieser Zeit waren Kevin und DePayne hinter ihrem Freund «Eric» her, weil sie herausgefunden hatten, daß er parallel zu seiner Mitarbeit beim FBI Straftaten beging. Sie erfuhren, daß er im DMV-Computer rumgehackt und als Eric Heinz nicht nur die Identität eines Toten angenommen hatte, sondern auf dessen Namen auch noch Sozialhilfe bezog. Jemand – und es ist nicht schwer zu raten, wer – gab Eric Heinz senior, dem Vater des Toten, einen Tip. Und es dauerte nicht lange, bis das Sozialamt eine Ermittlung gegen «Eric Heinz» einleitete.

Das FBI kann nicht allzu glücklich über diese Entwicklung gewesen sein. Nicht nur, daß Kevin nicht in ihre Fallen getappt war, er hatte sie außerdem mit der Entlarvung ihres Informanten lächerlich gemacht. Wie üblich hatte Kevin damit die falschen Leute gegen sich aufgebracht. Und wie üblich hörte er nicht an diesem Punkt auf. Es geschah im Zuge seiner Nachforschungen über «Eric Heinz» und einen anderen in den Fall verwickelten FBI-Agenten, daß er den DMV-Computer hackte und darum bat, die Unterlagen an Kinko's in Studio City zu schicken. Er war fest davon überzeugt, daß Petersens Straftaten wesentlich größer waren als alles, was er je getan hatte. Und er war überzeugt, daß sein Ziel die Mittel rechtfertige. Und wie üblich lag er damit falsch.

11

Nicht lange nach Kevins Flucht von Kinko's machten die Detectives vom Glendale Police Department eine aufregende Entdeckung. Eine Frau namens Michelle Brooks wurde während eines Verhörs wegen verschiedener Drogendelikte ausgesprochen nervös. Die Detectives hörten mit schlackernden Ohren zu, als sie die Geschichte von einem zehn Jahre zurückliegenden Mord auspackte. Sie behauptete, ihr Ex-Ehemann habe ihn begangen: Mitchell Mitnick.

Brooks erzählte den Detectives, daß es sich bei dem Ermordeten um einen Schwarzen gehandelt habe. Mitchell und ein Freund hätten ihn irgendwo an der Straße oberhalb von Malibu vergraben. Bei der Überprüfung dieser Geschichte erhielten die Detectives die Bestätigung von der örtlichen Polizei. 1981 hatte man die Leiche eines etwa dreißigjährigen Schwarzen mit einer Schußwunde im Gesicht am Rande der Topanga Canyon Road gefunden. Keine Papiere, kein Portemonnaie, keine Schlüssel, nichts. Durch Überprüfung der Fingerabdrücke fanden sie seinen Namen heraus: Robert Allen.

Als die Malibu-Sheriffs damals recherchierten, waren sie zwar ziemlich sicher, daß Allan ermordet worden war, hatten aber zuwenig Beweise. Allan war schwarz und arm – nicht gerade der Opfertyp, der Polizisten in Malibu eine schlaflose Nacht bereitet. Vielleicht war ein Drogendeal schiefgelaufen oder eine Familienstreitigkeit, sie hatten keine Ahnung.

Brooks empfahl den Glendale Detectives mit einem Mann namens David Spire zu sprechen, einem früheren Komplizen von Mitnick. Also setzte sich Detective Tom Kuh im März 1993 mit Spire in Verbindung, um etwas aus ihm rauszukriegen. Es war nicht allzu schwierig. Nach ein bißchen Hin und Her war Spire bereit auszusagen: daß er und Mitnick völlig breit im Juli 81 in einem grauen Volvo-Kombi durch West-L. A. gekurvt waren. Sie stoppten an einem Fast-Food-Laden, um sich etwas zu essen zu holen. Als sie ausstiegen, trafen sie auf einen schwarzen Kerl mit einer Menge Geld in einem Umschlag, der ihnen mit jamaikanischem Akzent einen vorjammerte, wie dringend er 'ne Nutte brauchte.

Spire sagte, daß Mitchell sofort wußte, was los war. Der Kerl zog die Nummer ab, die als «jamaikanischer Umtausch» bekannt war. Man zeigt jemandem einen Stapel Geldscheine und versucht dann, denjenigen auch zu einem Besuch bei der Nutte zu überreden. Wenn der Geld rausrückt, packt man es einfach in einen zweiten Umschlag und vertauscht die Umschläge. Der erste Umschlag ist größtenteils mit Papier in Dollargröße gefüllt, nur ein paar Scheine liegen obendrauf – und irgendwann haut man mit dem richtigen Geldpäckchen ab und läßt die Mogelpackung zurück. Mitchell stand überhaupt nicht drauf, abgezockt zu werden.

Spire zu Detective Kuh: «Also, Mitchell sagt zu mir: ‹Steig ein, wir fahren den Typ, wo immer er hin will. Und wenn er den Umtausch machen will, dann sind wir diejenigen welche, verstehst du? Wir haben sein Geld statt umgekehrt.› So sollte das laufen. Also, ich und der Typ vorne, Mitchell hinten – und plötzlich hat der seine Knarre in der Hand und sagt zu dem Typ, er soll die Schnauze halten – einfach gar nichts mehr sagen. Und zu mir sagt er, ich soll losfahren. Und als ich losfahr, fängt der Typ an zu labern, kriegt die volle Panik, plötzlich ist sein Akzent weg, und er labert rum – ‹Ich hab doch gar nichts gemacht.› Und Mitchell sagt immer nur: ‹Rühr dich nicht vom Fleck, bleib einfach so sitzen.› Und dann – ich weiß gar nicht, was der Typ gemacht hat – vielleicht hat er sich doch 'n bißchen bewegt, hat Mitchell ihn erschossen.

Ich sag: ‹Ach du Scheiße.›
Und er immer: ‹Fahr, fahr, fahr hier weg.›
Und ich: ‹Was hast du getan?›
Und er nur: ‹Los, fahr.›»
«Was passierte dann?» fragte Detective Kuh.
«Wir fuhrn nach Topanga Canyon. Ich fuhr. Er hat dann die Leiche aus dem Auto gezogen und sie einfach da liegen lassen.»
«Habt ihr sie vergraben?»
«Nein.»
«Abgedeckt? Hat Mitchell sie vergraben? War der Kerl denn wirklich tot? Wo hat Mitchell hingeschossen?»

«In den Kopf.»
«Okay. Also, hat der Typ sich bewegt, geredet, geatmet?»
«Er hat geatmet.»
«Was?»
«Ja.»
«Schwerfällig geatmet?»
«Ich mein, er hat eben geatmet – okay, er hat gekeucht.»
«Hat er irgendwas gesagt?»
«Nein.»
«Also, als ihr ihn aus dem Auto geschmissen habt, hat er noch geatmet?»
«Ja.»
Später fragte ihn Kuh: «Hast du irgendwann mal was davon gehört, daß man die Leiche gefunden hat?»
«Nö – gar nix mehr.»
«Hattest du nicht Angst, daß, wenn der Kerl noch atmete – hat er nicht gesagt – ich meine, wollte er ihn nicht erledigen?»
«Ich wußte, daß er nicht noch mal auf ihn schießen würde.»
«Und du hast nie gefragt, warum er überhaupt geschossen hat?»
«Mann. Ich hatte totalen Schiß – ich dachte, der schießt mich übern Haufen.»
«Hat er gesagt, warum er geschossen hat?»
«Ich hab hundertmal gesagt: ‹Mitchell, was hast du gemacht? Warum?›»
«Und? Was war die Antwort?»
«‹Ich hab ihm gesagt, er soll sich nicht rühren›, das war die Antwort. Ich sag: ‹Jesus Christ, war das alles? Er hat sich bewegt?› Ich dachte: ‹Verdammte Scheiße.› Aber ich weiß bis heute nicht, ob der Kerl wirklich tot war, ich meine –»
«Hast du nie in die Zeitung geguckt?»
«Nie – überhaupt nicht. Hab mich überhaupt nicht mehr drum gekümmert, war total gelähmt vor Schiß.»

Detective Kuh sagte aus, daß Brooks erzählt habe, Mitnick und Spire seien am Mordtag zwischen 9 und 10 Uhr nach Hause gekommen und hätten sich ins Badezimmer eingeschlossen. Brooks vermutete, daß sie sich dort wahrscheinlich wegen Mitnicks zehnjähriger Tochter versteckt hatten, um irgendwelche Drogen einzupfeifen. Brooks klopfte an, und Mitnick ließ sie rein. Sie sah Stoff und Spritzen rumliegen und ein schwarzes Portemonnaie mit einem Führerschein drin und einem Foto von einer schwarzen Frau mit einem Baby. Sie fragte, wo das Portemonnaie herkäme. Mitnick erzählte ihr, daß es von einem Typ sei, den er erschossen habe.
«Wo ist der Typ jetzt?»
«Wir haben ihn im Canyon rausgeschmissen», sagte Mitnick.
«Und sie sah», sagte Kuh weiter aus, «wie Mitnick das Portemonnaie im Kamin des Hauses verbrannte.»

Diese Beschuldigungen müssen für Kevin ein Hammer gewesen sein. Mitchell war immerhin der Mann, der in Beit T'Shuvah wie ein Vater für ihn gewesen war. Er war der Mann, dem er vertraut hatte. Und jetzt war er, abgesehen von seinen Vermutungen, daß er was mit Adams Tod zu tun hatte, auch noch wegen Mordes angeklagt.

Anders als sein Neffe konnte sich Mitchell renommierte Verteidiger leisten, unter ihnen Harry Weiss, einen älteren Beverly-Hills-Anwalt, der im Gericht als «Anwalt der Stars» galt. Er schaffte es, die Anklage auf Totschlag runterzudrücken. Mitchell bekannte sich schuldig und bekam die Mindeststrafe: vier Jahre Gefängnis. Bis zum heutigen Tag bleibt Mitchell dabei, daß die Anklagevertretung einen Meineid geleistet habe und er das Totschlagurteil nur angenommen habe, damit der Fall erledigt war. Mitnick behauptet, daß sein Partner Spire der Mörder war. In einem Ton, der keine Zweifel zuläßt, sagt er: «Ich bin hundertprozentig unschuldig.»

Verfolgungsjagd

1 Nachdem Justin Petersen sich selbst erledigt hatte, mußten die Polizeibehörden wieder bei Null anfangen. Kevin war weg, und sie hatten keine richtige Vorstellung, wo. Es gab Berichte, daß er in Las Vegas, Denver oder immer noch in Los Angeles war. Er lebte im Äther, rief Freunde wie DePayne zu jeder nächtlichen Stunde an, sagte aber niemals, wo er war oder was er machte. Er war unsichtbar und unauffindlich, ein umherirrendes Geistwesen.

Für das FBI kam die Hilfe aus einer unerwarteten Quelle. Einige Monate nach Kevins Flucht aus Kinko's erhielt Neill Clift, ein Software-Ingenieur in England, eine verwirrende E-Mail. Der Absender behauptete, ein Ingenieur bei Digital Equipment namens Derrell Piper zu sein. Piper schrieb in der Nachricht, daß Digital Ingenieure einstelle, und wollte wissen, ob Clift daran interessiert wäre. Clift zögerte keine Sekunde – er war sehr interessiert.

Clift, ein untersetzter, muskulöser Typ mit Metallbrille, war damals Ende Zwanzig. Aufgewachsen war er in einem kleinen Ort namens Brownhills in den West Midlands in England. Und das lag ungefähr so weit vom Epizentrum der digitalen Revolution entfernt wie nur irgend möglich. Ursprünglich hatte er an der Universität von Leeds Chemie studieren wollen, war dann aber, wie so viele andere seiner Generation, abgesprungen, als er die Gelegenheit bekam, an seinem ersten Mainframe-Computer zu sitzen, einer alten Vax 11/750 von Digital Equipment. Die Software, mit der der Rechner lief, faszinierte ihn, und er bekam schließlich eine Reputation als Experte im Auffinden der Lücken in Digitals VMS-Betriebssystem-Software.

Und jetzt klopfte Digital Equipment, der drittgrößte Computerhersteller in den Vereinigten Staaten, an seine Tür. Er fing an, mit Piper E-Mail auszutauschen. Clift wußte, daß Digital harte Zeiten durchmachte, Tausende von Arbeitsplätzen abbaute und ganze Abteilungen restrukturierte, um mit Hewlett-Packard und IBM mitzuhalten. Gewiß nicht der Moment, in dem man erwartet, einen neuen Job angetragen zu bekommen. Aber Clift wollte es gerne glauben. Warum sollte er auch nicht? Um ihn noch mehr hineinzuziehen, offerierte ihm der Mann, der sich selbst Derrell Piper nannte, eine Menge Informationen. Clift sah gleich, daß es Hausinterna von Digital waren. Nach kurzer Zeit vertraute er Piper bereits. Der bat Clift um nahezu alle Sicherheitslücken, die Clift in den vergangenen Monaten entdeckt hatte – und bekam sie auch.

Das ging mehrere Wochen so weiter, bis Clift roch, daß da etwas Komisches vor sich ging. Er fing an, seinem Mail-Partner einige sehr pointierte Fragen zu stellen. Als der anscheinend nicht mehr so richtig Bescheid wußte, wurde Clift mißtrauisch. Er überprüfte den Pfad, den die Mail nahm, und sah, daß sie überhaupt nicht zu Digital ging, sondern an einen Computer der Stanford University weitergeleitet wurde. Mit etwas Spürsinn entdeckte Clift, daß die Software auf diesem Rechner gepatcht war und von jedem User mit dem zusätzlichen Paßwort #ME# benutzt werden konnte.

Fuck!

Clift war klar, daß er verladen worden war. Und er wußte auch, von wem. Von seinem Kumpel Kevin Mitnick.

Kevin lernte Clift Ende der achtziger Jahre kennen, als er öfters versuchte, von Clift die neuesten Digital-Sicherheitsinfos zu erstreiten. Sie hatten sich niemals wirklich getroffen – keine Treffen von Angesicht zu Angesicht, nicht mal telefoniert hatten sie miteinander. Es war rein auf E-Mail begrenzt. Und es war auch Clifts Rechner, in den Kevin eingeloggt war, als er 1988 wegen Computerbetrugs geschnappt wurde. Als Kevin nach Lompoc gebracht wurde, um seine Strafe abzusitzen, war Clift davon überzeugt, nun zum letzten Mal von ihm gehört zu haben.

Dem war offensichtlich nicht so. Wie aber hatte Kevin ihn aufgespürt? Immerhin hatte er die Jobs gewechselt und war in eine andere Stadt gezogen. Clift wollte es jetzt wissen. Und in den folgenden Monaten sollte er dem Rätsel auf die Spur kommen. Es war ein typisches Beispiel für Kevins Einfallsreichtum und Hartnäckigkeit.

Laut Clift rief Kevin zuerst das Büro seines ehemaligen Arbeitgebers an und versuchte herauszufinden, wo er hingezogen war. Er schaffte es, aus jemandem die Info herauszuleiern, daß er in die Gegend von Manchester gegangen war. Kevin versuchte es dann beim Postamt, um zu sehen, ob Clift eine Nachsendeadresse hinterlassen hatte – was nicht der Fall war.

Deshalb konzentrierte Kevin seine Bemühungen auf die British Telecom. Er nahm an, daß Clift als erstes ein Telefon beantragen würde. Er gab vor, Clift zu sein, der sich den Installationstermin für sein Telefon bestätigen lassen wollte. Falls Probleme aufträten, sollten sie ihn bei der Arbeit anrufen. Und, ganz klar, er schaffte es, den Namen von Clifts Arbeitgeber und seine dortige Telefonnummer zu bekommen. An dem Tag, als das Telefon installiert werden sollte, gab Kevin erneut vor, ein Ingenieur der British Telecom zu sein. Er brachte jemanden im Büro dazu, ihm beide nicht gelisteten Nummern zu sagen, die für Clift freigeschaltet werden würden.

Jetzt machte sich Kevin an die zweite Phase seines Plans. Innerhalb der ersten Wochen, die Clift in seinem neuen Job verbrachte, rief Kevin ihn an und erklärte, daß er ein Ingenieur von Digital namens Mark Pilant sei. Laut Clift war einer der ersten Sätze, die Kevin in diesem Telefongespräch sagte: «Es ist ziemlich lange her, seit wir das letzte Mal miteinander gesprochen haben.» Clift wußte genau, daß er mit diesem Typen noch nie gesprochen hatte. Dann setzte Kevin dieselbe List ein, auf die er sich auch später oft verlegen sollte: «Wir stellen einige Leute in der Konstruktionsabteilung ein – wären Sie daran interessiert?»

Als ihn «Mark Pilant» am nächsten Tag zu Hause anrief, wurde er mißtrauisch. Er rief bei Digital an. Ja, es gab bei Digital einen Ingenieur namens Mark Pilant. Nein, der hatte nicht angerufen. Aber wer war es dann? Die Person hatte eine sehr markante Stimme. Clift rief Ray Kaplan an und bat ihn, ihm eine Kopie der Bänder von der Sicherheitskonferenz zu schicken, auf der Kevin gesprochen hatte. Es war nur so etwas wie eine Vorahnung – Clift war überhaupt nicht auf dem neuesten Stand, was Kevins Fall betraf. Er wußte nicht, ob Kevin noch im Gefängnis saß oder wieder draußen war, ob er normal geworden war oder wieder das Hacken angefangen hatte.

Er legte das Band in das Kassettengerät ein, und da war sie. Die Stimme. Es war Mark Pilant. Es war Kevin Mitnick.

Da er schon einmal ein paar Monate zuvor von Kevin bestohlen worden war, war es jetzt doppelt unangenehm, schon wieder via E-Mail irregeführt worden zu sein. Und dieses Mal war er nach Strich und Faden drauf reingefallen. Das Schlimmste: Clift mußte zu seinem neuen Boss gehen und ihm alles erklären – Kevin hatte die neuesten Sicherheitsbestimmungen komplett aus ihm herausbekommen. Und es kam noch schlimmer: Clift mußte die Ingenieure bei Digital informieren. Für einen Sicherheitsexperten wie Clift eine mehr als peinliche Angelegenheit. Irgendein anderer Ingenieur hätte vielleicht versucht, die Sache unter den Teppich zu kehren, nicht so Clift. Er stand zu seinen Fehlern.

Aber dann sann er auf Rache. Er hatte einfach genug von all dem Ärger, den ihm Kevin verursachte, den ganzen Erniedrigungen, dem Hickhack. Gott weiß, wie viele Stunden er damit verbracht hatte, den Kerl draußen zu halten, ständig versuchte er, seinen Rechner zu rekonfigurieren, mach dieses Loch dicht, mach jene Lücke zu...

Jetzt aber wußte Clift, daß Kevin auf der Flucht war, ein zur Fahndung ausgeschriebener Mann. Mit der Hilfe seines Kumpels Michael Lawrie, einem System- und Sicherheitsmanager an der Loughborough University of Technology in Leicestershire, begann er ein Fangnetz auszulegen. Sollte er Kevin in sein System locken können, so dachte er sich, hätte er eine gute Chance rauszukriegen, wo er lebte, und das könnte dann dazu beitragen, Kevin zu verhaften.

Er schrieb also zuerst eine Software, die er auf dem System installieren wollte, damit sie jedes Detail von Kevins Aktivitäten aufzeichnete. Keine einfache Aufgabe, da Kevin gerissen genug war, um mit Leichtigkeit jede gewöhnliche Überwachungssoftware zu entdecken. Die Software, die er dann programmierte, machte praktisch von jedem seiner Schritte auf der Tastatur eine Aufzeichnung in einer geheimen Datei – eine Art Partitur des Hackens. Clift mußte Kevin jetzt nur noch anlocken, das System zu besuchen. Um das zu bewerkstelligen, vertraute er auf Freundschaft. Er schickte Kevin eine E-Mail, die ihm nahelegte, daß er willkommen sei, mal in die Site zu schauen. Und Kevin, der Freundlichkeiten gerne annahm, wo immer sie ihm angeboten wurden, fiel darauf rein. Er und Clift fingen eine E-Mail-Korrespondenz an. Clift hörte Kevin zu, wie er mit den Systemen rumprahlte, zu denen er sich Zutritt verschafft hatte, und mit den neuesten Bugs, die er gefunden hatte. Sie plauderten über ihr Leben. Clift und Lawrie machten auf blind, wenn Kevin in ihrem System herumstreifte, hier rumstocherte und dort rummachte, um zu sehen, welche neuen Informationen er zusammensammeln konnte. Ohne Kevins Wissen gab Clift alles, was er wußte und aufzeichnete, an Bob Lyons, Sicherheitschef von Digital Equipment in Maynard, Massachusetts, weiter. Und Lyons leitete es an das FBI weiter.

2

Es war keine große Hilfe. Clift gab dem FBI zahllose Informationen über Kevins Aktivitäten – die exakten Zeiten, wann er sich in Clifts Computer einloggte, wie lange er darin rumhing –, aber all das brachte nichts, um Kevins Aufenthaltsort genau zu bestimmen. Im Cyberspace ist es zu einfach,

Spuren zu verwischen, zu einfach, in dem elektronischen Shuffle verlorenzugehen. Sicher, die Feds wollten Kevin kriegen, weil sie immer nach Wegen suchten, Position gegen das elektronische Verbrechen zu beziehen. Aber es verhielt sich nun wiederum auch nicht so, daß sie es hätten rechtfertigen können, die ganze Zeit ein komplettes Team auf den Fall anzusetzen – ja, nicht mal einen einzigen Agenten. Wenn sie ihn finden wollten, mußten sie schon ganz schön Glück haben.

Und genau das, dachten einige Agenten, hätten sie in diesem März 1994. Rein routinemäßig besuchten sie die Konferenz *Computers, Freedom and Privacy* im Palmer House Hilton in Chicago. CFP ist ein jährlich stattfindendes Ereignis, ein großes, ausuferndes, eklektisches Get-Together, das einige hundert Hacker, Cracker, Wireheads, Cypherpunks, Computer-Cops, Akademiker, Rechtsanwälte und Geschäftsleute anzog. An drei Tagen rangen die besten Köpfe der Computer-Kultur mit den zentralen Fragestellungen: Wie können wir die Privatsphäre innerhalb der elektronischen Kommunikation sichern, ohne gegen das Recht auf Redefreiheit zu verstoßen? Wie sollten existierende Urheberrechtsgesetze überarbeitet werden, um auch digitale Informationen abzudecken? Was genau ist eigentlich ein Clipper-Chip, und wie können wir seinen Einsatz stoppen?

Plötzlich bemerkte einer der FBI-Agenten zufällig einen großen, stillen, dunkelhaarigen jungen Mann, der überraschenderweise aussah wie... Kevin Mitnick. War das möglich? Nun, es war nicht unvorstellbar. Vielleicht dachte Kevin, die CFP wäre der letzte Ort, wo ihn FBI-Agenten suchen würden. Vielleicht dachte er, in der Menge unterzugehen. Möglicherweise hatte das FBI doch Glück.

Am frühen Freitag morgen, es war der 25. März, starteten die Agenten durch. Sie hatten herausgefunden, in welchem Hotelzimmer sich der Verdächtige aufhielt, und um acht Uhr pochten sie an seine Tür. Es waren vier FBI-Agenten, drei Männer und eine Frau. Sie hörten ein leichtes Gepolter hinter der Tür, so als ob sie gerade jemanden aus tiefem Schlaf aufgeweckt hätten.

«Wer ist da?» kam es durch die Tür.
«FBI.»
Gedämpfte Panik.
Sie klopften noch mal.
Ein dunkelhaariger Junge öffnete die Tür – Kevin, wie die Agenten dachten. Er war in Unterwäsche. Hinter ihm Gepäck, Kleider und Computerausrüstung, alles über den Boden verstreut.
«Sie sind Kevin Mitnick», sagte einer der Agenten.
Er kniff die Augen halb zu und sah verwirrt aus. «Ich bin nicht Kevin Mitnick», sagte er zu ihnen. «Ich bin Lee Nussbaum.»
Die Agenten glaubten, daß «Lee Nussbaum» ein Deckname sei, den Kevin in der letzten Zeit benutzte. «Wir wissen alles über ihre Decknamen. Sie sind Kevin Mitnick.»
«Sie haben den falschen Typ», beharrte der junge Mann.

Die Beamten forderten ihn auf, seine Sachen anzuziehen und mit auf einen kleinen Spaziergang zum FBI-Hauptquartier einige Straßen weiter zu kommen. Der junge Mann zog sich, ohne zu murren, an. Und dann legten ihm die Agenten Handschellen an.

Das FBI hatte tatsächlich Grund, mißtrauisch zu sein. Sie hatten zwar nicht viele gute Fotos von Kevin, mit Ausnahme des «Verbrecher-Fotos» nach seiner Verhaftung 1988. Aber so wie sie es einschätzten, war dieser Nussbaum ihr Mann. Dieselbe Größe, dasselbe Gewicht, dieselbe dunkle Haarfarbe, dieselbe Brille. Und außerdem sah er ganz nach einem Technik-Nerd aus. Um ganz sicherzugehen, mußten sie ihn nach Downtown mitnehmen.

Zur selben Zeit, als das FBI dachte, es hätte Kevin geschnappt, klopfte eine andere Gruppe von FBI-Agenten an die Tür eines weiteren vermeintlichen Outlaws. Wie es aussah, dachten die Agenten, sie hätten Justin Petersen ausfindig gemacht. Der hatte «sich frei genommen» und war verschwunden, nachdem er nicht in der Lage gewesen war, Kevin zu schnappen. Die Untersuchungsbeamten hatten Gründe zu der Annahme, daß er sich den Decknamen «Agent Steal» zugelegt hatte, und ein Robert Steele

war für die Konferenz akkreditiert. Zufall? Vier Agenten klopften an die Tür seines Hotelzimmers.
«Room Service», sagte einer von ihnen.
«Ich habe nichts bestellt», kam eine Stimme aus dem Raum.
«FBI.»
Ein stämmiger Mann mittleren Alters mit Bart öffnete die Tür. Er sah nicht gerade begeistert aus.
«Sind Sie Justin Petersen?» fragte einer der Agenten.
«Nein, ich bin Robert Steele.»
Die Agenten erkannten ziemlich schnell, daß da was nicht stimmen konnte. Steele war um die Vierzig, Petersen war Ende Zwanzig. Petersen hatte ein künstliches Bein, Steeles Beine, so viel konnten sie sehen, waren beide einsatzfähig. Und Steele benahm sich nicht wie ein Mann, der gesucht wurde. Tatsächlich fixierte er sie ziemlich unerschrocken.

Obwohl die Agenten den Witz damals nicht sofort begriffen, war es doch eine köstliche Ironie, daß das FBI Robert Steele für einen Hacker hielt. Steele war ein Ex-CIAler, der inzwischen die Open Source Solutions, Inc. betrieb, einen Informationsservice. Sein ganzes Unternehmen war auf einer äußerst kritischen Haltung gegenüber allen Geheimdiensten aufgebaut, da er sie für Fossilien aus der Zeit des Kalten Krieges hielt. Steele ist außerdem einer der wenigen Leute im Sicherheitsestablishment, die Hackern gegenüber positiv eingestellt sind. «Hacker sind eine nationale Ressource», lautet eine seiner Thesen zur Computersicherheit, die er auf Kongressen im ganzen Land unermüdlich wiederholt. Er sieht in ihnen diejenigen, die auf Unzulänglichkeiten hinweisen, wie sie ansonsten von Hardcore-Kriminellen ausgenutzt werden könnten. Deshalb kritisiert er seine Kollegen oftmals scharf für ihre Hacker-Paranoia.

Die FBI-Agenten vor seiner Tür wußten von alldem nichts. Sie wußten nur, daß ihre Beschreibung von Justin Petersen nicht auf diesen großen, stämmigen Kerl zutraf. Sie entschuldigten sich eilig und gingen.

Die «Nussbaum»-Geschichte verlief etwas anders. Die Agenten brachten ihn in Handschellen den Gang hinunter, zum Aufzug, durch die Hotel-Lobby und die Vordertüren hinaus in die milde, morgendliche Frühjahrsluft und zum FBI-Hauptquartier. Ihr Verdächtiger sagte nicht viel. Er hatte aufgehört, seine Unschuld zu beteuern, er ging einfach schweigend mit ihnen mit. Unschuldig oder schuldig, er war jedenfalls gelassen und eiskalt. Als sie im FBI-Headquarter angelangt waren, nahmen die Agenten die Handschellen ab. Sie fotografierten ihn und nahmen seine Fingerabdrücke. Sie boten ihm Kaffee an, er bat sie jedoch um Wasser.

Eine halbe Stunde später kam die Identifizierung des Fingerabdrucks aus Washington zurück. Der richtige Name des Verdächtigen war Lee Nussbaum. Er war Student an der Columbia University in New York City. Die Agenten befragten ihn kurz: er hatte keine Ahnung, warum oder wie Kevin seinen Namen benutzte. Soweit er sich erinnern konnte, hatte er Kevin Mitnick niemals getroffen, weder mit ihm gesprochen noch E-Mail mit ihm ausgetauscht. Er sah ihm nur zufällig sehr ähnlich.

Die Agenten ließen ihn laufen.

Tatsächlich hatte Kevin einen großen Teil des Winters und des Frühjahrs 1994 in der Gegend um Denver verbracht. Er wurde dort von einem Techniker des Colorado Supernet, das ist ein Internet-Provider in der Gegend von Denver, gesehen. Der behauptete, Kevin sei von einer lokalen Firma angeheuert worden, um ihnen beim Aufbau eines Internet-Anschlusses zu helfen. Der Techniker hatte damals keine Ahnung, wer Kevin war – erst später, als er ein Plakat vom U.S. Marshals Service sah, wußte er Bescheid. Und das überraschte ihn, denn der Kevin Mitnick, den er kannte, war eigentlich nicht sehr bewandert darin, einen Anschluß zum Netz aufzubauen. Manchmal hatte er ihn fünf- oder sechsmal am Tag über Pager angerufen und ihm ziemlich ignorante Fragen gestellt. Als er später feststellte, daß der Ignorant tatsächlich Kevin Mitnick war, fragte er sich, ob die dummen Fragen eine Art von Trick gewesen waren. Wenn es einer war, dann verstand er ihn nicht. Und wenn es keiner war, dann wäre Kevins Ruf übertrieben.

Zur gleichen Zeit hatte das Colorado Supernet Probleme mit einem Eindringling. Sie glaubten, er habe sich Root Access verschafft. Das hätte bedeutet, daß er – wenn er nur wollte – eine ganze Menge Schaden anrichten konnte. Aber er tat es nicht. Im großen und ganzen las er lediglich private E-Mail und benutzte das System für einen freien Netzzugang. Später vermuteten Systemadministratoren, daß die Probleme etwas mit Kevins Aufenthalt in der Gegend zu tun gehabt haben könnten, aber sicher waren sie sich auch nicht. Die Methode des Eindringens war ziemlich einfach – und wieder war es nicht das, was sie von jemandem mit Kevins Ruf erwartet hätten.

Für einen großen Internet-Provider wie das Colorado Supernet, der versuchte, aus dem enormen Boom um einen Internet-Zugang Kapital zu schlagen, war Sicherheit gleich Rendite. Jedes System kann sicher gemacht werden – doch das kostet Geld. Die meisten Provider wissen aber Besseres mit ihrem Geld anzustellen, etwa ihren Kundenstamm zu vergrößern. War es ihnen das wirklich wert, für Tausende von Dollars gut ausgebaute Schutzwälle aufzubauen, bloß um ein paar Kids davon abzuhalten, sich freien Zugang in ihr System zu verschaffen? Solange ein Hacker nichts entschieden Dummes macht, wie etwa ihr System lahmzulegen (was sie ernsthaft Geld kostet und ihren Ruf schädigt) oder private E-Mail zu lesen (was peinlich sein könnte), kann er deshalb oft monatelang unbemerkt vorgehen.

Man könnte argumentieren, daß viele dieser großen Internet-Provider es Hackern wie Kevin tatsächlich erst ermöglicht haben, es sich so wohl ergehen zu lassen. Sie sind nicht daran interessiert, die Hacker wirklich zu stoppen, denn es würde einfach zuviel Geld kosten. Statt dessen wünschen sie sich, daß Hacker nette Jungs sind und sich auch so benehmen.

Kevin verbrachte ebenfalls eine Menge Zeit damit, sich in kleinere Internet-Sites einzuloggen, die von Universitäten betrieben werden. Viele von ihnen behaupten erst gar nicht, ein «sicheres»

System zu haben. Sie können es sich gar nicht leisten und wollen es auch nicht. Diese Systeme werden nicht betrieben, um Profit zu machen, sondern um Informationen auszutauschen. Sie sind die letzten Spuren eines Gemeinschaftsgeistes, der einst die Computerrevolution bestimmte.

Nyx, eine kleine Internet-Site an der University of Denver, ist ein gutes Beispiel dafür. Sie wird von Andrew Burt, einem Professor für Mathematik, betrieben. Der hat weder Geld für ausgeklügelte Sicherheitsmaßnahmen noch die Zeit, diese zu warten. Nyx ist ein «offenes» System, das entworfen wurde, damit Außenstehende es leicht benutzen können. Hier die Sicherheitsmaßnahmen zu verstärken, das hieße, den öffentlichen Zugang stark zu beschränken. Außerdem glaubt Burt, daß «der Begriff der ‹Internet-Sicherheit› ein Oxymoron bleiben wird», solange nicht alle Daten auf dem Internet automatisch verschlüsselt werden.

Für die, die sich im Nyx als Cracker betätigen wollen, hat Burt eine persönliche Nachricht: «Laß mich zu Anfang sagen, daß ich persönlich nicht gegen das Hacken bin. Eine Menge von dem, was ich über die Computer-Wissenschaften weiß, ist das direkte oder indirekte Ergebnis meiner früheren Erfahrungen als Hacker. Wohlgemerkt, ich selbst bin ein ‹pensionierter Hacker›. Ich habe keinen Drang, Hacker aus Nyx zu vertreiben. Solange du Nyx nicht bedrohst oder dich blöd verhältst – hey –, hab Spaß! Ich habe wirklich keine Lust, meine Zeit damit zu verschwenden, dumme Leute zu jagen. Es macht mich eher fertig, wenn ich es muß. Mit anderen Worten: Ich werde nur hinter dir her sein, wenn du dich dumm, rücksichtslos, anstößig, eigennützig, destruktiv etc. verhältst.»

Im April 1994 geriet Burt keineswegs in Panik, als er feststellte, daß Kevin im Nyx-System herumstreifte. Er bat ihn, nichts zu beschädigen, und Kevin tat das auch nicht. Sie tauschten Dateien aus. Sie tolerierten einander. Kevin las anscheinend einmal eine von Burt hinterlassene Nachricht, in der dieser schrieb, daß die Worte «Hacker» und «Cracker» seinem Gefühl nach keine sehr poetischen Worte wären, um Eindringlinge in ein Computer-System zu bezeichnen. Burt zog den Ausdruck «Spider» («Spinne») vor.

«Betrachte es mal so», schrieb Burt, «Spinnen schlüpfen durch die kleinsten Löcher, von denen man oft nicht mal weiß, daß es sie gibt. Spinnen kommen rein, egal wie entschlossen man sie draußen halten will. Meistens sieht man die Spinnen gar nicht – aber sie sind da. Viele Leute ängstigen sich unnötigerweise vor ihnen. Sie sind lästig, aber die meisten Spinnen richten keinen Schaden an. Nur wenige sind giftig. Spinnen mögen es nicht, aufzufallen. Es ist schwer, mit einer Spinne zu debattieren, sie sieht die Dinge einfach anders. Spinnen weben oft feine Netze, um ihre Existenz zu erhalten (zum Fangen von Nahrung, Paßwörtern etc.). Eine Spinne kann Eier legen, um noch mehr Spinnen ins Haus zu bringen. Spinnen sind meistens Einzelgänger. Einige Spinnen denken, sie wären Freiheitskämpfer (äh, hm, ‹Spiderman›). Spinnen haben zumeist einen schlechten Ruf. Die meisten Menschen versuchen, Spinnen zu zerquetschen, wenn sie welche entdecken.»

3 Was für ein Traum, einfach stillschweigend abzutauchen. Welche Phantasien Kevin auch immer gehabt haben mochte, sie endeten abrupt am 4. Juli 1994. Das war der Tag, als Kevins Foto zuerst auf der Titelseite der *New York Times* erschien. Es war das alte Foto von 1988, als man ihn wegen Digital verhaftete, jenes, das ihn wie einen bedrohlichen Rowdy aussehen ließ. Es gehörte zu einem Artikel mit der Schlagzeile «Cyberspace's Most Wanted: Hacker Eludes F.B.I. Pursuit» (Der Meistgesuchte des Cyberspace: Hacker entzieht sich FBI-Verfolgung) von John Markoff.

Seit der Veröffentlichung von *Cyberpunk* hatte sich das Leben für Markoff verändert. Er und Hafner hatten sich getrennt, und er zog zurück nach Kalifornien, um dort im Silicon Valley für die

New York Times der richtige Mann am richtigen Ort zu werden. Sein Revier war groß – er berichtete über alles, von Firmenübernahmen über Industrietrends bis hin zu technologischen Durchbrüchen. Er war der ideale Mann für den Job, mit einer lockeren, unprätentiösen Art und geschärften Sinnen für die wichtigen Trends in der Computerindustrie. Seine Storys waren smart und aktuell, und was ihnen an Kontext und literarischem Flair fehlte, machte er doppelt wett, indem er sich hochbrisante Quellen in der Computerindustrie erschloß. Regelmäßig zog er so der Konkurrenz die Hosen aus.

Markoff muß das so in Anspruch genommen haben, daß Kevin Mitnick wohl kaum sehr weit oben auf seiner Liste stehen konnte. Aber dann entdeckte er Anfang 1994 ein Stück seiner privaten E-Mail, die in einer öffentlichen Newsgroup abgelegt war. Das konnte er nicht auf die leichte Schulter nehmen. Als Top-Reporter lebte er schließlich davon, bessere Informationen als seine Konkurrenten zu haben.

Als er Freunde anrief, um ihnen zu erzählen, was passiert war, kam allen nur ein Name in den Sinn: Kevin Mitnick.

Zur selben Zeit hörte Markoff immer wieder von verschiedenen Mobiltelefonfirmen, daß sie Kevin in Verdacht hätten, in ihren internen Computer-Systemen herumzuschnüffeln. Vermutlich suchte er nach der Software, unter der Mobiltelefone liefen. Als Autor von *Cyberpunk* hielt man Markoff für einen Kevin-Mitnick-Experten. Er machte häufiger mal Nebeneinnahmen, indem er bei Firmen und auf Konferenzen zur Computersicherheit eine seiner sogenannten Cyberpunk-Reden vortrug (das ist eine übliche und umstrittene Praxis vieler Journalisten). Es kann deshalb nicht verwundern, daß der wiederholte Verdacht einiger Computersicherheitsexperten gegen Kevin als Neuigkeit auch zu Markoff durchsickerte.

Markoffs Story, in klassischem *New-York-Times*-Stil geschrieben, war besserwisserisch und distanziert zugleich. In ihr wird mit keinem Wort erwähnt, daß Markoff Kevin in Verdacht hatte, seine E-Mail zu lesen. Auch kein Wort darüber, daß das zu Vorurteilen führen könnte. Statt dessen wiederholte der Artikel die Standardmeinung, Kevin sei eine nationale Bedrohung. Noch einmal zählte er die kriminellen Delikte seiner Jugend auf, noch einmal wiederholte er unkritisch die Behauptung von Digital, daß Kevin «der Firma vier Millionen Dollar Schaden an Computernutzungszeit verursacht und eine Million Dollar an Software gestohlen» hätte. Die Story rührte auch an der *Wargames*-Paranoia: «Als Teenager benutzte er einen Computer und ein Modem, um in einen Computer des North American Air Defense Command einzubrechen, und wies damit schon auf den 1983er Kinofilm *Wargames* voraus.»

Ob das wahr sei oder nicht, war lange ein strittiger Punkt in der Debatte. Laut DePayne und anderen ist es ein reiner Mythos. Steve Rhoades, einer von Kevins Kumpeln aus frühen Tagen, behauptet wiederum, daß Kevin mit NORAD herumgemacht habe. Für keine der beiden Auffassungen gibt es Beweise. Als Hafner 1989 und 1990 an *Cyberpunk* arbeitete, verbrachte sie einen Großteil der Zeit damit, diese Geschichte festzuklopfen – ohne Erfolg. In ihrem Buch verzichtete sie schließlich auf eine Darstellung. Sollte Markoff seit damals irgendwelche neuen Beweise über NORAD herausgefunden haben, dann zitierte er sie jedenfalls nicht. (Ein Geständnis: In meinem Artikel über Kevin, der kurz nach seiner Verhaftung 1995 im *Rolling Stone* erschien, vertraute ich Markoffs Berichten. Ich beriet mich auch mit Rhoades und entschied, Kevins Einbruch in NORAD als Tatbestand in meinen Artikel aufzunehmen. Inzwischen glaube ich, daß der Einbruch wahrscheinlich nicht zutrifft, und bedauere es, ihn im Artikel ausgeführt zu haben.)

Abgesehen von der Information, daß das FBI ihn immer noch nicht gefangen hatte, enthielt der *New-York-Times*-Artikel eine einzige Neuigkeit: Kevin stand jetzt unter dem Verdacht, «Software und Daten von mehr als einem halben Dutzend führender Hersteller von Mobiltelefonen gestohlen zu haben». Nicht offenbart wurde jedoch, wie sie gerade auf Kevin kamen. Auch wurde nicht gefragt, warum die Computer der Mobiltelefon-Hersteller so anfällig für Einbrüche waren. Oder warum Kevins Aktionen eine größere Bedrohung für das Handy-Geschäft darstellten als etwa die von Mark Lottor. Der verkaufte ganz offen Software, die das Hacken von Mobiltelefonen möglich machte, und war von Markoff in der Erstausgabe von *Wired* gefeiert worden.

Daß diese Story auf der Titelseite landete, und sei es an einem nachrichtenmäßig eher ruhigen Tag wie dem 4.Juli, reflektierte vor allem die ureigenste Angst der *New York Times*: daß mit dem Aufstieg einer neuen Informationskultur die Zeitungsbranche destabilisiert werden könnte.

Aber für einige von Kevins Freunden im Computer-Underground sah es ganz so aus, als ob Markoff mit ihm abrechnen wollte.

4

Kevins «Verbrecherfoto» erschien auf der Titelseite von 1,7 Millionen Exemplaren der *New York Times*. Es gab in ganz Amerika keinen Flughafen oder Bahnhof, keinen Zeitungsstand, an dem sein Foto nicht gehangen hätte. Es begleitete Tausende von Familien bei ihrem Feiertags-Bar-B-Que. Und ganz ohne Zweifel entfachte es Hunderte von Gesprächen über die Gefahren dieses neuen Dings mit dem Namen Internet. Über Nacht wurde Kevins düsteres Verbrecherfoto zum lebenden Symbol für elektronischen Terror.

Das ließ auch alte Feinde wieder aus der Versenkung auftauchen. Eine dieser Personen war der Amateurfunker Sandy Samuels in Mission Hills, Kalifornien. Samuels rief am 7.Juli das FBI an und meldete, daß ihn irgend jemand – er glaubte, es sei Kevin – auf seinem CB-Funk belästige. Solange Kevin ein Phone-Phreaker war, war er auch immer ein Fan von CB-Funk gewesen – von daher machte es schon Sinn. Samuels erzählte dem FBI, die Funkrufe seien so deutlich zu verstehen, daß Kevin sich wahrscheinlich in der Gegend aufhalten würde – vielleicht im Haus eines Verwandten.

Nun, da Kevin auf der Titelseite der *New York Times* war, fühlten die Polizeibehörden sich um so mehr unter Druck, ihn aufzuspüren. Das FBI forderte die Unterstützung der U.S. Marshals an. Wie das FBI ist der U.S. Marshals Service eine Abteilung des Justizministeriums. Er ist die älteste Strafverfolgungsbehörde im Lande und entstand 1795. Was die U.S. Marshals auszeichnet, ist ihr Jagdinstinkt. Ihre Hauptaufgabe ist es, Kriminelle aufgrund vorhandener Haftbefehle ausfindig zu machen und sie zu schnappen. Das dauert manchmal Jahre. Die sechzig U.S. Marshals in Los Angeles verbringen einen Großteil ihrer Zeit damit, hinter großen Drogendealern und gewalttätigen Schwerverbrechern her zu sein. Für sie bedeutete ein Computer-Hacker eine interessante Abwechslung bei aller Routine, aber deshalb mußte man sich ja nicht gleich stressen.

Der Fall wurde Deputy Kathleen Cunningham und Deputy Jeff Tyler übertragen. Beide waren 1991, drei Jahre zuvor, zum Büro der U.S. Marshals gestoßen. Allerdings ist Cunningham die Erfahrenere von beiden. Bevor sie nach L.A. zog, hatte sie nicht nur acht Jahre bei den Vermont State Trooper verbracht, sondern auch bei der U.S. Boarder Patrol gearbeitet. Sie kommt aus dem Osten von Massachusetts und ist eine große, kräftige Frau mit kastanienbraunen Haaren, Sommersprossen und großen, kräftigen Händen, die so aussehen, als seien ihre Fingernägel noch nie mit Nagellack in Berührung gekommen. Aber es gibt auch eine Sanftheit an ihr, die nicht zu ihrem rauhen und turbulenten Job paßt. Als ich sie zum ersten Mal traf, erzählte sie mir von einem Hund, den sie aus der Gosse von South Central L.A. gerettet hatte. Tyler, 27 Jahre alt, ist ein ruhiger Mann. Er ist ein paar Zentimeter kleiner als seine Kollegin, besitzt jedoch kräftige Arme und Schultern sowie einen massigen Nacken. Er hat diese Stattlichkeit eines All-American-Boy. Wenn er einem erzählen würde, er sei «running back» an der UCLA, man würde ihm glauben. Auch er kommt von der Ostküste – er wuchs in Saratoga Springs, New York, auf. Als Junge arbeitete er jeden Sommer auf der Rennbahn, parkte Autos, machte sauber oder war beim Wachschutz. Aber schon als kleiner Junge wollte er unbedingt Polizist werden. An der State University of New York in Albany machte er seinen Abschluß in Strafrecht und arbeitete dann eine Weile für die Finanzbehörde (IRS), bevor er zu den U. S. Marshals ging. Tyler und Cunningham verbrachten die ersten paar Wochen damit, Mitnicks bekannte Adressen in der Gegend von L. A. herauszubekommen. Sie ermittelten, daß seine Mutter und Großmutter nach Las Vegas gezogen waren. Sie fuhren bei Kevins leiblichem Vater Alan vorbei, der in einer Eigentumswohnung in Calabasas, einer wenig entwickelten Gemeinde am nördlichen Rand des San Fernando Valley, lebte. Alan wirkte erstaunlich cool und distanziert auf sie. «Es tut mir leid, ich weiß nicht, wie ich Ihnen helfen kann», meinte er zu ihnen. «Ich habe keine Ahnung, wo Kevin im Moment ist.»

«Wir denken, es wäre für Kevin das beste, wenn er sich stellen würde», erklärte ihm Cunningham. «Er wird früher oder später eh erwischt. Wenn er sich stellt, ist es einfacher, den Richter für ein mildes Verfahren zu gewinnen. Wenn er dabei erwischt wird, daß er noch ein anderes Verbrechen begeht, kommt er wirklich in ernsthafte Schwierigkeiten.»

«Es tut mir leid, ich kann Ihnen nicht helfen», wiederholte Alan. Cunningham glaubte ihm nicht. Sie war sich sicher, daß er eine ganze Menge wußte. Aber sie konnte ihm auch nicht vorwerfen, daß er seinen Sohn nicht verraten wollte.

Etwa eine Woche später fuhren Cunningham und Tyler mit ihrem regierungseigenen Crown Victoria nach Las Vegas. Eine lange, heiße und langweilige Acht-Stunden-Fahrt durch die Wüste. Als sie sich dem Haus näherten, in dem Kevins Mama Shelly inmitten einer netten, gutbürgerlichen Wohngegend am Rande der Stadt lebte, entschlossen sie sich, zunächst einmal kurz am Haus vorbeizufahren, um ein Gefühl für dessen Umgebung zu bekommen. Sie waren überrascht, in der Auffahrt einen schwarzen Nissan Pulsar zu sehen – Kevins Auto.

Cunningham dachte, vielleicht ist's ja unser Glückstag.

Sie fuhren um das Haus herum und parkten außer Sichtweite um die Ecke. Wenn Kevin hier war, mußten sie vorsichtig sein, um ihn nicht nervös zu machen. Anders als Shirley Lessiak waren Cunningham und Tyler erfahren darin, Flüchtige am Schlafittchen zu nehmen. Wenn Kevin im Haus war, kriegten sie ihn.

Sie einigten sich auf einen Plan. Die Nacht zuvor hatte es in der Gegend einen schlimmen Sturm gegeben. Deswegen war gerade ein Trupp der Elektrizitätswerke da, der an den Leitungen montierte und alles in Ordnung brachte. Cunningham ging zu einer Arbeiterin und zückte ihre Marke. «Ich würde Sie gerne um einen Gefallen bitten», sagte Cunningham. Sie bat die Monteurin, an Shellys Tür zu klopfen und denjenigen, wer immer auch antworten würde, zu befragen, ob sie wegen des Sturmes irgendwelche Probleme hätten. Cunningham schärfte der Frau ein, genau aufzupassen, wer die Tür öffnete, und es ihr dann zu berichten. Währenddessen hielten Cunningham und Tyler einen gebührenden Abstand.

Die Arbeiterin klopfte – keine Antwort.

Cunningham und Tyler wußten zunächst nicht, was sie damit anfangen sollten. Vielleicht war Kevin ja mit einem anderen Auto unterwegs. Vielleicht hatte er sie auch gesehen und versteckte sich im Haus. Sie hatten keine Ahnung. Bevor sie ausstiegen, um die Lage zu überprüfen, forderten sie per Funk Unterstützung an. Man sagte ihnen, daß sie etwa zwanzig Minuten warten müßten, da das einzige verfügbare Marshal-Team gerade im Einsatz war. Sie mußten also warten.

Aber einige Minuten später öffnete sich die Tür von Shellys Garage. Ein Mann fuhr in einem hübschen, glänzenden Honda Accord heraus. Wer, verdammt noch mal, war das? Er sah nicht wie Kevin aus. Aber man weiß ja nie. Sie wußten, Kevins Gewicht schwankte erheblich, und es war nicht schwer, sich vorzustellen, daß er sich eine Maske oder eine andere Verkleidung anlegte, um sich aus dem Staub zu machen. Sie fuhren ein Stückchen hinter dem Honda her und beschlossen dann, ihn zu überholen. Da sie in einem nicht gekennzeichneten Wagen saßen, hatten sie kein

Blaulicht und keine Sirene. Cunningham, die hinter dem Steuer saß, fuhr auf Höhe des Hondas, und Tyler zückte seine Marke und bedeutete dem Fahrer, an den Rand zu fahren. Es war ein kleiner, älterer Mann.
Ganz sicher nicht Kevin.
Er lenkte den Wagen an den Rand der Straße. Cunningham näherte sich dem Fenster auf der Fahrerseite und verlangte einen Ausweis und die Zulassung. Es stellte sich heraus, daß der Wagen auf Shelly zugelassen war.
«Ich bin ein Freund von Shelly», erklärte der Mann.
«Wo ist sie?»
«Bei der Arbeit.»
«Wir würden gerne Ihre Erlaubnis haben, ins Haus zu gehen und uns umzusehen.»
«Nein, das kann ich nicht machen. Es ist nicht mein Haus.»
«Wo wollten Sie denn gerade hin?»
«Ich bin auf dem Weg zu Shelly», sagte er.
«Bei der Arbeit?»
Er nickte.
«Können Sie ihr sagen, daß sie sofort nach Hause kommen soll? Wir würden gerne mit ihr reden.» Sie gab ihm auch ihre Pager-Nummer und bat ihn, ihr auszurichten, daß sie auf alle Fälle anrufen solle, wenn sie nicht gleich kommen könne. «Es ist wichtig.»
Sie ließen ihn weiterfahren, und er versprach, Shelly die Nachricht zu überbringen.

Während sie warteten, kontrollierten sie Shellys Haus. Sie gingen herum, spähten durch die Fenster – sie wollten sichergehen, daß sich dort niemand versteckte. Sie waren überrascht, wie wohnlich es drinnen aussah: ansprechende Möbel, sauber, gepflegt. Sie sprachen auch mit den Nachbarn. Sie zeigten Bilder von Kevin herum, fragten, ob ihn jemand kürzlich gesehen hätte. Ein Nachbar sagte, daß er ihn vor etwa einem Monat gesehen habe. Er kam in einem braunen Lieferwagen. Shelly wollte ihn nicht ins Haus lassen, sagte ihnen die Nachbarin. Kevin schlief deswegen im Lieferwagen.

Shelly kam weder, noch rief sie an. Cunningham und Tyler beschlossen deshalb, sie auf der Arbeit zu besuchen. Sie fuhren downtown zum alten, heruntergekommenen Casino Sahara, das am unschicken Ende der Vergnügungsmeile liegt, weit weg von der beeindruckenden schwarzen Pyramide des Luxors oder den Elfenbein- und Goldtürmen des Mirage. Als sie ankamen, kontaktierten Cunningham und Tyler das Sicherheitsbüro des Sahara. Sie erklärten ihnen, wer sie waren und daß sie mit Shelly Jaffee sprechen wollten. Es war reine Vorsicht, schließlich waren sie in Zivilkleidung, trugen aber ihre Pistolen. Und sie wollten nicht durch das Casino wandern, nach Shelly Ausschau halten und möglicherweise die Spieler in Alarmzustand versetzen oder ihr einen Schrecken einjagen.

Der Angestellte des Sicherheitsdienstes kam einige Minuten später zurück und sagte: «Tut mir leid, Shelly will nicht mit Ihnen reden.»

«Sie verstehen nicht ganz», bekräftigte Cunningham. «Hier geht es nicht darum, was Shelly gerne möchte.» Der Sicherheitsmensch spürte anscheinend, daß das nichts mehr mit seiner Liga zu tun hatte, und stimmte zu, sie zu Shelly zu bringen.

Sie fanden sie im Café, wo sie als Kellnerin arbeitete. Sie war nicht gerade erfreut, sie zu sehen. «Ich kann jetzt nicht mit Ihnen sprechen. Ich bin beschäftigt», sagte sie kurz, während sie an ihnen vorbeieilte. Die Restaurantaufsicht erklärte jedoch, daß jemand für sie einspringen werde. Widerwillig führte Shelly Cunningham und Tyler in einen Vorraum im hinteren Teil des Restaurants.

«Wir sind hier, um mit Ihnen über Kevin zu reden», begann Cunningham so behutsam wie möglich.

Sofort startete Shelly eine heiße Verteidigungsrede für ihren Sohn: Sie heulte los, was für ein guter Junge er war, daß er viele der Dinge niemals gemacht habe, deren man ihn beschuldigte – er war niemals in einen Militär-Computer eingebrochen, er war niemals nach Israel geflohen, er war kein gefährlicher Krimineller. «Nichts davon ist wahr», jammerte sie.

Cunningham versuchte, mit ihr zu argumentieren. Sie erzählte Shelly, daß es besser für alle wäre, wenn sich Kevin stellen würde. Dann fügte sie noch hinzu: «Ihrem Sohn geht es nicht gut. Er braucht Hilfe.»

Das brachte Shelly zur Explosion. «Mein Sohn ist doch nicht geisteskrank!» kreischte sie los. «Er braucht keine Hilfe!»

An diesem Punkt realisierten Cunningham und Tyler, daß es hoffnungslos war. Vielleicht hätten sie mehr Glück mit der Großmutter.

Wenn es in Kevins Leben ein stabilisierendes Element gegeben hat, dann war es die Beziehung zu Reba Vartarian. Sie ist eine aktive, zielstrebige Frau, die einige Male verheiratet und geschieden war und jetzt genug Geld hat, um komfortabel in einem neuen Haus voller Antiquitäten zu leben. Sie ist bekannt für ihre unorthodoxen Ansichten – in sexuellen Dingen ist sie beispielsweise geradezu libertär. Mehr als einmal hat sie Besuchern schon erzählt, daß Gefangene in den US-Strafanstalten Anspruch auf sexuelle Abwechslung hätten. Wenn der Staat Prostituierte engagieren würde, die die sexuellen Spannungen der Gefangenen abbauten, wäre das Gefängnis bestimmt ein zivilisierterer Ort. Einige Freunde fanden, daß Shelly und Kevin eher wie Schwester und Bruder seien denn wie Mutter und Sohn und daß Reba, die Oma, die eigentliche Matriarchin der Familie sei.

Außerdem war sie gerissen, wie Cunningham und Tyler feststellen mußten.

Als sie an jenem Nachmittag an Rebas Tür klopften, antwortete sie sofort. Cunningham und Tyler stellten sich vor und zückten ihre Marken.

Reba wurde bleich und griff an ihr Herz.

«Wir würden gerne mit Ihnen über Kevin sprechen», sagte Cunningham.

«Oh, Sie haben mich zu Tode erschreckt», seufzte Reba und faßte sich wieder. Offensichtlich dachte sie erst, man wolle sie mitnehmen. Sie bat die Cops ins Haus hinein.
«Wir sind wegen des Haftbefehls hier», erklärte Cunningham.
«Was für ein Haftbefehl?»
«Kevin hat gegen seine Bewährung verstoßen. Deshalb wurde ein Haftbefehl gegen ihn ausgestellt.»
«Ich verstehe nicht», sagte Reba und sah verwirrt aus. «Was für eine Art von Haftbefehl soll das sein?»
Cunningham erklärte es ihr.
«Und was hat er angestellt?»
«Wie ich gesagt habe, er hat seine Bewährung verletzt.»
«Was meinen Sie damit, er hat die Bewährung verletzt? Ich versteh das nicht.»
Cunningham erklärte das Ganze noch einmal.
«Und jetzt haben Sie also einen Haftbefehl?»
«Ja.»
«Was für eine Art von Haftbefehl ist das?»
Cunningham erklärte es. Ihr Geduldsfaden war inzwischen ziemlich dünn.
«Ich verstehe es nicht», fing Reba wieder mit völligem Ernst an. «Wie funktioniert so ein Haftbefehl?»
«Wir wollen eigentlich nur wissen, ob Sie Kevin in der letzten Zeit gesehen haben.»
«Nein, habe ich nicht.»
«Haben Sie mit ihm gesprochen?»
«Nein.»
«Wissen Sie, wo er ist?»
«Ich hab keine Ahnung.»
«Entschuldigen Sie, aber ich weiß, Ihre Familie ist einander eng verbunden. Sie sind Kevins Großmutter. Und ich kann mir einfach nicht vorstellen, daß Sie in der letzten Zeit nicht mal mit ihm gesprochen haben.»
Reba zuckte lediglich die Schultern. «Ich kann Ihnen nicht helfen.»

5 Eine Woche später wurde Las Vegas zu einem Mekka für Hacker. Hacker, Cracker und Cyberfreaks aller Couleur kamen aus ihren verdunkelten Kammern und Nischen, um an der DefCon II teilzunehmen, einer Versammlung von Hackern. Die fand, wie der Zufall es wollte, im selben Casino statt, in dem Shelly arbeitete, im Sahara. Am Tag diskutierten die Sprecher über die Wahrung der Privatsphäre auf dem Netz, über Computerviren und die Hackerszene in Europa. Des Nachts trafen sie sich in Hotelzimmern oder in den Bars der Casinos, um Geschichten über Hackerheldentaten auszutauschen, sich über Anfänger und Ahnungslose lustig zu machen und (neben anderen Dingen) sich über Kevin Mitnicks aktuellen Berühmtheitsstatus zu streiten.

Wegen des jüngsten Artikels in der *New York Times* war der ein heiß debattiertes Thema. Natürlich war einigen Mitnicks Ruhm schon Beweis genug für seine Fähigkeiten. Für andere, vor allem für die ‹Stammesältesten› im Hacker-Clan, eher ein Beweis dafür, daß Mitnick ein richtiger Wichser war – die bloße Tatsache, daß sein Name so bekannt war, wurde zum Beleg für seine Zweitklassigkeit. Die besten Hacker, so lautete das Argument, sind per Definition unsichtbar und unbekannt. Dann gab es noch solche, die Kevin ganz einfach für einen unheilbar unreifen Idioten mit einem losen Mundwerk hielten, der den eigentlichen Begriff des Hackers in Mißkredit brachte. Einige der stärker politisch orientierten DefCon-Teilnehmer waren enttäuscht, daß Kevin überhaupt keine revolutionären Ambitionen zu haben schien. Nie sprach er offen über die Ungerechtigkeit der Informationskultur, und auch die Reichen und Mächtigen verhöhnte er nicht öffentlich. Im Gegensatz zu anderen flanierte er auf den Hacker-Konferenzen nicht in jenem T-Shirt herum, auf dem in kleiner, fast unlesbarer Schrift das Hacker-Manifest geschrieben stand:

das gewissen eines hackers

hast du, mit deiner hausfrauen-psychologie und dem technogehirn aus den 50er jahren, jemals hinter die augen eines hackers geblickt? hast du dich niemals gefragt, was ihn antreibt, welche kräfte ihn geformt haben?
ich bin ein hacker, komm in meine welt...
...in die welt des elektrons und der switches, der schönheit des baud. wir machen gebührenfrei von einem bereits existierenden service gebrauch, der kaum was kosten würde, wenn er nicht von unersättlichen profiteuren betrieben würde. wir streben nach wissen... und ihr nennt uns kriminelle. wir forschen... und ihr nennt uns kriminelle. wir leben ohne nationalität, ohne religiöse vorurteile... und ihr nennt uns kriminelle. ihr baut atombomben, ihr führt kriege, ihr mordet, ihr belügt und betrügt uns und versucht uns einzureden, daß es nur für unser eigenes wohlergehen ist.
trotzdem sind wir die kriminellen.
ja, ich bin ein krimineller. mein verbrechen ist das der neugierde. mein verbrechen ist, die leute danach zu beurteilen, was sie sagen und denken, und nicht danach, wie sie aussehen. mein verbrechen ist, daß ich smarter bin als du. das wirst du mir nie verzeihen.
ich bin ein hacker, und dies ist mein manifest. du magst dieses individuum aufhalten, aber du kannst uns niemals alle stoppen...

der mentor

Zusammengefaßt: Niemand auf der DefCon wußte genau, was er mit Kevin anfangen sollte. Er war zu fies, um ein Märtyrer zu sein, zu kompliziert für einen Helden, zu hartnäckig, um ihn abzulehnen, und zu berühmt, um ihn zu vergessen.

Und nun zum Zufall. Am ersten Tag der Konferenz war DefCons Organisator Jeff Moss alias Dark Tangent mit drei seiner Kumpels unten in der Cafeteria des Sahara. Es war Samstag morgen, und Moss, ein frischgebackener Entrepreneur und Ex-Hacker, nahm wie gewöhnlich Eier, Toast, gebratenen Speck und Schokoladenmilch zu sich.

Einer der Kellner lief vorbei und bemerkte zufällig ihre DefCon-Namensschilder. Er blieb an ihrem Tisch stehen und fragte ins Blaue hinein: «Wer ist der berühmteste Hacker von allen?»

Moss und seine Freunde brachten mehrere Namen ins Spiel: «Kevin Poulsen, Kevin Mitnick, Agent Steal (alias Justin Petersen)...» Sie debattierten einen Moment und entschieden sich dann für Poulsen als die Nummer eins.

«Wer kommt danach?»
«Vermutlich Kevin Mitnick», sagte Moss.
«Er war mein Zimmergenosse», sagte der Kellner stolz.
Was?

Im gleichen Moment lief eine Kellnerin vorbei. Moss erinnerte sich an sie als eine ältere Frau mit glatten dunklen Haaren, etwa 1 Meter 70 groß, energisch, aber mit der müden Ausstrahlung einer Person, die ein hartes Leben gehabt hatte.

«Das ist mein Sohn», sagte die Kellnerin.
«Wer?» fragte Moss.
«Kevin.»
«Sie machen Witze.»
«Keineswegs.»

Moss und seine Freunde waren schockiert – die letzte Person, von der sie dachten, sie auf der DefCon zu treffen, war Kevins Mama.

Sie sprachen etwa zehn Minuten miteinander. Sie erzählte Moss, daß sie seit sechs Jahren nicht mehr mit ihrem Sohn gesprochen habe. Er fragte sie, ob sie jemals *Cyberpunk* gelesen habe – was sie verneinte. Sie habe kein Interesse, alle Details über seine Taten zu erfahren. Sie schien hauptsächlich besorgt darüber zu sein, wie Moss und seine Freunde enden würden. «Ich hoffe, ihr Jungs seid nicht wie Kevin», sagte sie traurig. «Ihr solltet vorsichtig sein. Macht nichts Falsches, verstoßt nicht gegen die Gesetze. Werdet nicht wie mein Kevin – das ist keine Art, euer Leben zu leben.»

Moss, der kürzlich an der Universität sein erstes Jahr in Jura beendet hatte, versicherte ihr, daß für ihn alles zum besten stünde.

Als Winn Schwartau auf der DefCon ans Mikrofon ging, sah er sich einer Schar buntgescheckter Leute gegenüber. Schwartau, ein bekannter Experte für Computersicherheit und Aktivist in eigener Sache, war selbst auch keine Schönheitskönigin: lockige Haare, die mal wieder einen Schnitt vertragen konnten, Schnurrbart, Nickelbrille, und er benahm sich wie die Axt im Wald. Der Vortrag behandelte sein übliches Thema: computergestützte Kriegsführung. Wie die Technologie das Gesicht des Krieges verändert. Der Computer-Hacker als Informations-Krieger. HERF-Gewehre und EMP/T-Bomben (frag mich keiner, was das sein soll). Es war Schwartaus Basisrede, die er im ganzen Land vor Computersicherheitsgruppen hielt und die das Rückgrat seines Buches *Information Warfare: Chaos on the Electronic Superhighway* bildete.

Als er fertig war, machte er eine Pause für die üblichen Fragen. John Markoffs Stimme erhob sich aus der Menge. «Warum haben Sie das gemacht?»

«Was gemacht?»

«Sie wissen schon, was.»

Schallendes Gelächter aus der Menge. Über was sprach der überhaupt?

Eine Frau stimmte ein: «Warum haben Sie Lenny DiCicco geflamed?»

Schwartau war baß erstaunt. «Wann habe ich DiCicco geflamed?»

«Auf dem WELL.»

«Ich kenne Lenny gar nicht, und ich habe auch keinen Account auf dem WELL», sagte Schwartau.

Die Gespräche gingen weiter. Aber später an diesem Abend

loggte sich Schwartau ins WELL ein und fand heraus, was Markoff gemeint hatte:

```
From: miles@well.sf.ca.us (Winn Schwartau)
Newsgroups: alt.2600
Subject: Kevin Mitnick
Date: 16 Jul 1994 02:02:47 GMT
Organization: The Whole Earth 'Lectronic Link, Sausa-
lito, CA
Lines: 84
NNTP-Posting-Host: well.sf.ca.us
X-Newsreader: TIN [version 1.2 PL1]

Lenny, du bist ein minderwertiges Stück Scheiße, ein
Schleimbeutel saugender Petzer.
Mir reicht es jetzt _wirklich_, die Geschichten zu
hören, die du und Steve Rhoades 1988 [sic] fabri-
ziert habt und die jetzt als Tatsachen gedruckt wer-
den.
Wenn du weitermachst, mich zu verleumden, _werde_
ich deine letzten Aktivitäten öffentlich machen, was
reichen sollte, deine Bewährung zu widerrufen. Al-
les, was ich sagen möchte, ist der Name "Andy".
Jetzt weißt du, daß ich es weiß.
```

Die Mitteilung fuhr fort, DiCicco verschiedener Verbrechen zu beschuldigen (die er später alle dementierte), einschließlich des Fälschens von Job-Referenzen, des Ausspionierens seines Bosses und der Aneignung kleiner Geldbeträge.

```
Ich könnte jetzt weiter und weiter damit fortfahren,
aber um was geht's denn eigentlich? Ich glaube je-
denfalls, daß du deine Mutter verraten würdest, wenn
du davon profitieren könntest.
KDM
```

Natürlich hatte Schwartau keine Ahnung, ob es tatsächlich Kevin war, der dieses Pamphlet unter seinem Namen abgeschickt hatte. Kein Zweifel, daß er DiCicco grollte, und vielleicht provozierte seine Publizität auf der Titelseite der *New York Times* den Drang, sich zu rächen. Jedenfalls klang es nach Kevin. Aber mit Mail Humbug zu treiben war ein allgemeiner Trick unter Hackern – sie könnte ohne weiteres von jemand anderem gepostet worden sein, der alle glauben machen wollte, die Nachricht sei von Kevin. Bevor er die DefCon verließ, rief Schwartau beim WELL an und sprach mit einer Systemadministratorin. Schwartau hatte einmal einen Account beim WELL, der aber schon lange stillgelegt war. Die Administratorin überprüfte ihre Unterlagen – sie zeigten, daß er sich am 15. Juli um 18:54 PST das letzte Mal für 28 Minuten ins System eingeloggt und das gemeine Geschwätz hinterlassen hatte.

«Wie konnte das passieren?» erkundigte sich Schwartau. Ihre Antwort, so schrieb er später, «könnte als Schlagzeile über einem Großteil aller Sicherheitsanstrengungen von Unternehmen stehen.»

«‹Oh, das ist einfach›, sagte sie. ‹Wir haben keine Sicherheit.›»

6 Im Spätsommer hatte sich Kevin zum Geist auf dem elektronischen Dachboden entwickelt. Er war überall und nirgends, allen bekannt und doch nicht erkennbar, ein Geist, dessen Abenteuer mit jeder Nacherzählung noch einmal übertrieben wurden. Sein furchteinflößender Ruf hatte seine Verbrechen bei weitem überflügelt.

Es gab Gerüchte, daß er die Gegend von San Diego besuche oder dort lebe, was die Systemadministratoren der Gegend in volle Alarmbereitschaft versetzte. In den Computerlabors der University of California gab es «Wanted!»-Plakate von Kevin, und die Administratoren waren angewiesen, ein wachsames Auge seinetwegen zu haben, aus Furcht, er könnte auf den Campus spazieren und anfangen, einen der ans Netz angeschlossenen Macintosh zu benutzen. Bei Qualcomm, einem Entwicklungs- und Mobilkommunikationsunternehmen aus der Gegend, fragte man sich, ob Kevin derjenige gewesen sein mochte, der eines Tages in die Eingangshalle hineinspaziert kam und eines der Mitarbeiterverzeichnisse der Firma mitgehen ließ – eine wertvolle Ressource für jemanden, der Social Engineering dem Computer-Cracking vorzog. Ein anderer Internet-Provider in der Gegend hatte eine Kevin-Mitnick-Wurfscheibe im Büro hängen. Wieder andere zogen Kevin-Mitnick-Masken an.

Dann gab es da noch das San Diego Supercomputer Center. Tsutomu war sich Kevins langer Hackervergangenheit wohl bewußt – tatsächlich hatte Kevin ihn vor einigen Jahren angerufen und mit typischer Großspurigkeit verlangt, Tsutomu sollte ihm eine Mobiltelefon-Software, hinter der er her war, geben. Tsutomu weigerte sich. Jetzt versuchte Kevin anscheinend, sie auf weniger direktem Wege zu bekommen. Tsutomus Rechner, immer ein spannendes Ziel für Hacker, hatte im Verlaufe des August einige Attacken abbekommen. Nichts allzu Ernstes, aber Tsutomu hatte offenbar den Verdacht, daß Kevin dahinterstecken könnte. Außerdem hatte er von Markoffs Verdächtigungen gehört, Kevin lese dessen E-Mail. Er kannte auch die Befürchtungen bei Qualcomm und anderen Unternehmen in der Mobiltelefon-Industrie, daß Kevin hinter ihrer Software her sein könnte. Tsutomu war stocksauer.

Tsutomus Freunde am Supercomputer Center teilten seine Gefühle. Doch einige von ihnen sahen das Ganze auch mit einer Portion Humor. Auf einer nationalen Konferenz für Unix-Systemadministratoren, die Ende September in San Diego stattfand, veränderten einige von Tsutomus Kumpeln ihre Namensschildchen, um die Kevin-Paranoia zu konterkarieren. Andrew Gross, ein Student und Protegé von Tsutomu am Supercomputer Center, wurde zu «andrew mitnick@netcom.com.». Tom Perrine, ein System-Manager am Supercomputer Center, hieß «tom mitnick@netcom.com.». Einige andere lokale Systemadministratoren machten bei dem Spaß mit, und bevor die Konferenz vorbei war, spazierte etwa ein Dutzend Mitnicks herum. Ein Systemadministrator lief mit seinem Mitnick-Schildchen sogar in die Gästesuite von Qualcomm. Die Firmenvertreter fanden das nicht besonders lustig.

John Sweeney, ein Reporter beim Londoner *Observer*, erkannte bei einer Geschichte auf den ersten Blick, ob aus ihr eine große Story zu machen war. Nachdem er einen kurzen Artikel über Kevin in der *New York Times* gelesen hatte, flog Sweeney nach Kalifornien und versuchte, ein Interview mit Kevin an Land zu ziehen. Anders als viele seiner amerikanischen Pendants hatte Sweeney kein Problem bei dem Gedanken daran, seinen Quellen für eine Auskunft ein bißchen Bares zukommen zu lassen. Er sprach mit einigen von Kevins Freunden, einschließlich Bonnie, die Kevin als eine Art Kampfsportkünstler charakterisierten. «Er hat die Fähigkeit zu töten, aber er macht es nicht.»

Noch immer konnte man für Geld kein Interview mit Kevin kaufen, denn verständlicherweise war seine Furcht vor den Medien ziemlich groß. Und so fuhr Sweeney, wie andere Journalisten auf Kevins Spuren auch, mit leeren Händen wieder nach Hause. «Ich ging ins ‹Coach and Horses›, nahe den *Observer*-Büros, um meine Sorgen zu ertränken», schrieb Sweeney später. Das Coach and Horses ist eine Kneipe in London. Sein Handy klingelte. «Eine schwer atmende amerikanische Stimme kam zu mir herüber: ‹Sie werden nie erraten, wer hier ist.›» Vor seiner Abreise aus L. A. hatte Sweeney einem von Kevins Freunden einen Hunderter und seine Handynummer gegeben mit der Bitte, sie an Kevin weiterzuleiten. Aber wirklich erwartet hatte er Kevins Anruf nicht. Sweeney fragte ihn nach der Nachricht für den «Schleimbeutel saugenden Petzer», die unter Schwartaus Namen gepostet worden war.

«Jemand hat mich gefoppt», zitierte er Kevin. «Es liest sich, als ob es von einem Kind geschrieben wurde.» Kevin beschwerte sich dann über eine «Sensationspresse, die ihn als ‹Carlos der Scha-

kal› hochstilisiert habe», schrieb Sweeney. Er fragte ihn nach den Polizeifotos von 1988, auf denen er wie ein elektronischer Terrorist aussieht. «Das Bild wurde drei Tage nachdem ich verhaftet wurde, aufgenommen», erklärte ihm Kevin. «Drei Tage ohne Dusche. Ich fühlte mich absolut saumäßig. Die haben aus mir einen John Dillinger oder einen Desperado gemacht, aber ich bin nur ein überaus guter Joker. Ich habe niemals davon profitiert.»
Wie war es im Gefängnis?

«Die haben mich für acht Monate in Einzelhaft gesteckt und mir mit der dämlichen Telefonbeschränkung das Leben schwergemacht», antwortete Kevin. «Sie wollten mich bestrafen. Die sanitären Bedingungen waren ekelhaft. Ein paarmal gab es Angriffe auf mich. Es war die Hölle.»

Sweeney fragte ihn, wie es sei, auf der Flucht zu sein.

«Ich fühle mich wie ein verdammter Mörder», sagte Kevin, «dabei würde ich keiner Fliege was zuleide tun.»

Neben der Jagd auf Kevin hatten Deputy Cunningham und Deputy Tyler den ganzen Sommer über sowieso schon reichlich zu tun. Trotzdem blieben sie an Kevin dran.

Zufälligerweise wurden Cunningham und Tyler am 27. September mit dem Transport von Justin Petersen vom Gefängnis «Metropolitan Detention Center» in Downtown-L. A. zu einer Klinik beauftragt, wo nach Petersens Prothese gesehen werden sollte. Nachdem er sich als Informant selbst ‹freigestellt› hatte, war Petersen schließlich im August 1994 verhaftet worden. Eine ausgeklügelte elektronische Finte hatte nicht geklappt, mit der er 150 000 Dollar aus einer Bank in Glendale stehlen wollte. Jetzt saß er in seiner Gefängniszelle und wartete auf seine Verhandlung. Für Cunningham und Tyler war der Transport von Gefangenen reine Routine. Über Petersen wußten sie einiges – er hatte zweimal in ihrem Büro angerufen und sich angeboten, beim Ergreifen von Kevin zu helfen. Aber Cunningham, die wegen seines schlechten Rufs auf der Hut war, rief ihn niemals zurück.

Bevor Cunningham ihr Büro verließ, erhielt sie von David

Schindler die Anweisung, mit Petersen nicht über den Fall Kevin Mitnick zu sprechen. U.S. Attorney Schindler war für Petersens Einstellung als erfolgloser Informant mitverantwortlich gewesen. Es war ein eigenartiges Ansinnen, das ohne jede weitere Erklärung geäußert wurde. Cunningham vermutete, daß Justins Rolle als früherer Informant etwas damit zu tun haben müßte.

Als Tyler und Cunningham mit Petersen in die Klinik fuhren, versuchte er, ihnen Informationen über Kevin mitzuteilen, von denen er glaubte, daß sie hilfreich wären. Normalerweise hätte Cunningham sehr aufmerksam zugehört, jetzt forderte sie ihn jedoch nur auf, nicht darüber zu sprechen. Als Petersen nach dem Grund fragte, erklärte ihm Cunningham sichtbar frustriert, daß sie diese Anweisung von Schindler erhalten hatte.

«Wenn Sie irgendwelche Probleme damit haben», beschied ihm Cunningham, «dann sprechen Sie mit Ihrem Anwalt, oder wenden Sie sich an Schindlers Vorgesetzten.»

7 Als der Sommer vorüberging, verlor Neill Clift, Kevins alter Freund in England, die Geduld. Seit Monaten hatte Clift inzwischen mit Digital Equipment und dem FBI gesprochen, sie mit ganzen Stößen von Computer-Logs gefüttert, die jeden Schritt von Kevin festhielten. Seiner Verhaftung schienen sie dennoch kein Stück näher gekommen zu sein. In einem Fax, das ihm das FBI im Sommer geschickt hatte, gestanden die Feds freimütig, daß sie nicht glaubten, Kevin auf dem Wege der elektronischen Spurenverfolgung zu kriegen. Wenn sie überhaupt eine Chance hätten, dann mit der guten, altbewährten Weise: indem sie sich die Schuhsohlen durchliefen.

So kam es, daß Clift zur nächsten Ebene überging. Zum ersten Mal in ihrer merkwürdigen, sechs Jahre dauernden Beziehung entschloß er sich, mit Kevin persönlich Kontakt aufzunehmen. Eines Tages, als er wußte, daß Kevin im Rechner eingeloggt war, hinterließ er kurze Nachrichten dort, wo er wußte, daß Kevin sie finden würde: «Ruf mal an, mein Freund.» Und später: «Los, Mann, spiel das Spiel mit. Ruf mich an, Mr. Mitnick.» Und ein weiteres Mal: «Du könntest etwas Nützliches finden.» Aber anstatt zu antworten, loggte Kevin sich aus. Am nächsten Tag tauschte Clift deshalb alle Programme von Kevin auf seinem Rechner mit der Nachricht aus: «Du bist nicht so vorsichtig, wie Du schon mal warst... Ruf Neill an!»

Kevins Anruf kam um ein Uhr morgens, direkt nachdem er die Nachricht erhalten hatte. Dann, um neun Uhr morgens, auf der Arbeit, rief er Clift noch einmal an... und so weiter, mehrere Male am Tag. Das ging einen ganzen Monat lang so. Es war typisch für die Art von Beziehungen, wie er sie auf seiner Flucht hatte – rein elektronisch, via E-Mail oder Telefon. Es war eine Art quälender männlicher Kumpanei, gekennzeichnet von Aufschneiderei, Lügen und Manipulation und dem Wunsch, anderen immer eine Nasenlänge voraus zu sein.

Sie unterhielten sich hauptsächlich über technische Sachen – Kevin hatte eine Menge Respekt vor Clifts Fähigkeiten und wollte soviel wie möglich von ihm lernen. Auf technischem Gebiet, so stellte Clift fest, war Kevin eigentlich gar nicht besonders begabt. Er konnte zwar Code verwenden, um Sicherheitsschwächen auszunutzen, aber er hatte keine wirkliche Ahnung, wie er funktionierte. Er benutzte Programme nach Art eines Kochbuches. Zunächst schien er zu wollen, daß Clift ihm die Tricks beibringe, wie man Sicherheitslücken finden kann. «Er schien nicht zu realisieren, daß es ein ganzes Stück harter Arbeit dazu braucht», erinnert sich Clift. Dann bat er Clift, ihm alles über VMS-Internals zu erzählen, so daß er die Bugs selbst finden könne. Clift willigte ein. Er wußte, daß es wenigstens ein Jahr harter Arbeit bedurfte, um Kevin auf den aktuellen Kenntnisstand zu bringen. Kevin nahm sogar einen Batzen des Geldes vom *Observer*-Interview, um sich die Bibel über VMS-Internals, *VAX/VMS Internals and Data Structures*, zu kaufen. Er fragte Clift, welche Teile er zuerst lesen solle. Clift erschien es, «als ob der Besitz des Buches zeigen sollte, wie stark er sich verpflichtet hatte». Als Clift ihn einmal beschuldigte, lediglich lernen zu wollen, wie man in Systeme einbricht, schrie er: «Nun, ich hab das verdammte Buch gekauft, oder nicht?»

Sie verbrachten Stunden damit, sich die vielen Sicherheitsprogramme anzuschauen, die Kevin von Clift und von Digital im Laufe der Jahre gestohlen hatte. Clift konfrontierte ihn ganz direkt damit, daß diese Programme für Ingenieure entwickelt wurden, die Probleme beheben sollen, und sonst für niemanden. Kevin erwiderte, es wäre unerheblich, daß er die Programme geklaut habe, weil er sie nicht verkauft habe. Diese Einstellung erstaunte Clift: «Nur weil Kevin keinen direkten Profit aus seinen Aktivitäten zog, dachte er, es wäre schon okay, mich jahrelang zu belästigen, nur um Einblick in die Programme zu kriegen.»

Die Unterhaltungen gingen oft über Technologie hinaus. Sie sprachen über Fahrradfahren (Kevin hatte ein Mountainbike) und wie sie beide es in den vergangenen Jahren geschafft hatten, eine Menge Gewicht zu verlieren. Sie sprachen über das Training mit Gewichten und über Diäten. Clift fragte ihn, ob er religiös sei, und Kevin erklärte, daß er Jude sei, aber religiöse Dinge nur zu ganz besonderen Gelegenheiten ausüben würde. Er witzelte, wenn sich ihm einmal die Möglichkeit bieten würde, an einem Sabbat auf seinen Rechner einzuloggen, dann würde er sie auch ergreifen. Clifts Freundin kam ins Spiel, und Kevin fragte ihn über seine Familie aus. Clift hatte das Gefühl, daß er sehen wollte, ob sie denselben Background hätten. Schockierend war für Clift zu hören, daß Kevins Mutter die ganzen Probleme, die er hatte, nicht wirklich begriff.

Kevin schien Clift nicht verletzbar oder launisch. Er schien auch nicht schlecht drauf zu sein, es sei denn, das Geld wurde mal knapp. Er fand auch, daß Kevin Humor besaß, abgesehen von einigen sehr unreifen sexuellen Anspielungen über Frauen, die Clift peinlich fand. Öfter kam er mit zwei Schlüsselerlebnissen seines Lebens an: *Cyberpunk* («glaub nichts davon», sagte Kevin) und dem DECUS-Vorfall («ich wollte wirklich versuchen, ganz ehrlich zu sein...»).

Alles in allem, Clift betrachtete Kevin als sehr intelligente Person, die einen großen Teil der Zeit damit verbringen muß, ihren Weg um Hindernisse herum zu suchen. «Für Kevin war Hacken wie ein richtiger Job. Er stand morgens auf und ging zur Arbeit, indem er versuchte, irgendwo in Orte einzubrechen», erinnert sich Clift. Aber Clift war bestürzt über Kevins fehlende Fähigkeit, sich in andere Leute hineinzuversetzen – er hatte keinen Plan, wieviel Ärger er jedermann verursachte. Zum Beispiel erzählte ihm Clift, daß er um seinen Job fürchten würde, als die Telefonanrufe, mit denen Kevin sich seinen Weg ins System schwindeln wollte, regelmäßig bei ihm auf der Arbeit eintrafen. Alles, was Kevin darauf entgegnete, war, daß es ihm wegen der Probleme leid täte, aber daß es «nichts Persönliches» sei.

«Das war seine Standardantwort auf alles – ‹nichts Persönliches›», blickt Clift zurück. «Irgendwie machte er aus allem ein Spiel und fühlte sich nicht für das, was passierte, verantwortlich.»

«Warum stellst du dich nicht einfach?» fragte Clift.

Kevin berief sich darauf, daß er keiner Behörde traue. Er sagte, daß er für einen guten Rechtsanwalt nicht das Geld habe und daß ihm das Gesetz ohne einen guten Anwalt hart zusetzen würde. Clift glaubte, daß er Angst hatte, richtig Angst. Einen Großteil seiner Zeit verbrachte er damit, Clift gegenüber zu rechtfertigen, was er machte – er sagte, daß es nicht destruktiv sei, sondern nur kleinere Irritationen verursache. Er beschrieb sich selbst als sehr gut darin, die Leute mit seinen Nachstellungen zu irritieren, weil er in allem sehr gut sei, was er mache.

Oft sprach er davon, nach England zu kommen. Es wäre doch nett, wenn er und Clift sich einmal richtig, von Angesicht zu Angesicht, treffen würden. Er stellte eine Menge Fragen über die IRA, anscheinend, weil er gerade den Film *Im Namen des Vaters* gesehen hatte. Außerdem machte er sich über den Lebensstandard Sorgen, der beträchtlich niedriger als in den USA war. Und er fürchtete, daß ihn die britischen Behörden verhaften könnten, und fragte sich, ob es nicht besser wäre, an einen anderen Ort in Europa zu gehen.

Große Anziehungskraft besaß außerdem eine neunzehn Jahre alte Israelin namens Shimrit Elisar, die als Systemadministratorin bei einem Internet-Provider in England arbeitete, wo sich Kevin ebenfalls reinhackte. Er las dann ihre E-Mail und fand, was er vorfand, anscheinend toll. Er entwickelte eine Art Cyber-Schwärmerei zu ihr – obwohl er sie niemals traf oder ein Wort mit ihr wechselte. Immer öfter unterhielt er sich mit Clift darüber, daß er nach Israel wolle, und Clift fragte sich, ob das der Grund sei, warum er sich für sie interessiere, da sie ihm so etwas wie ein Entree verschaffen könnte...

Clift war sich nie sicher, ob Kevin wirklich mit ihm befreundet sein wollte oder ob er ihn nur für Informationen benutzte. Kevin behauptete, er habe Freunde, mit denen er nachts ausginge und die nichts über seine Hackerei wüßten, doch Clift bezweifelte das, er verbrachte einfach zuviel Zeit mit dem Hacken.

Als sie sich mit der Zeit näherkamen, fühlte sich Clift schlecht bei dem Gedanken, ihn dem FBI auszuliefern. Auf der anderen Seite ahnte er, daß er kaum eine andere Wahl hatte. Kevin hatte lange genug in seinem Leben herumgepfuscht.

Clift wurde nie klar, wie er es herausgefunden hatte. Kevin stellte es so dar, als sei es über einen persönlichen Kontakt gekommen, aber Clift glaubte, daß er vielleicht die E-Mail von seinem Kumpel Michael Lawrie gelesen hatte. Wie auch immer, Kevin fand jedenfalls heraus, daß Clift mit Digital gesprochen hatte, und er wußte auch, daß diese alles an das FBI weitergaben.

Als Reaktion schickte Kevin diese E-Mail an Clift:

```
From: HICOM::KEVIN           23-SEP-1994 17:13:32.38
TO:   HICOM::NEILL_CLIFT
CC:
Subj: RE: You
Du bist ein paranoider Bastard. Ich habe keinen
Grund, dich weiter zu belästigen. Der Grund, warum
```

ich dich nie mehr anrufen werde, ist, daß ich keine Veranlassung sehe, mit Spitzeln zu reden, ganz gleich, was sie zu sagen haben (Bugs etc. ...). Ich werde dich _nicht_ belästigen, vorausgesetzt, auch du belästigst mich nicht. Danke dir vielmals, daß du DEC kontaktiert hast und sie über mich und Isael [sic] informiert hast. Du unterschätzt wirklich meine Kontakte. Ich weiß mehr, als ich so schwatze. Zu schade, daß wir keine Freunde sein können, das wäre nett gewesen, aber alles, was du möchtest, ist denen helfen, mich zu erwischen.
Danke schön vielmals...

Nach dieser Mitteilung muß Kevin gewußt haben, daß seine Tage gezählt sind. Doch befremdlich genug, hatte sein nächstes Scharmützel mit dem Gesetz weder etwas mit Neill Clift noch mit dem FBI zu tun.

8 Kevin Pazaski ist Betrugsanalyst bei McCaw Cellular Communications in Kirkland, Washington (inzwischen wurde das Unternehmen von AT&T aufgekauft und heißt jetzt AT&T Wireless Services). Wenn man McCaws gläsernes, vierstöckiges Gebäude in Kirkland besucht, bekommt man den Eindruck, daß sich die Welt schneller ändert, als wir uns anpassen können: Auf der anderen Straßenseite steht ein alter, hölzerner Stall, immer noch so gut erhalten, als ob die Kühe jede Minute nach Hause kommen würden. Aber direkt hinter dem Stall führt eine achtspurige Autobahn vorbei. Und auf der anderen Seite des Highways steht ein weiteres Bürogebäude, das von Microsoft belegt ist, dem ungemein mächtigen Software-Unternehmen.

Pazaskis Büro liegt im vierten Stock. Ein kleiner Raum ohne Fenster mit einem bescheidenen L-förmigen Schreibtisch an der

Wand. Auf der linken Seite ein Foto seiner Tochter, neben einer großen, an die Wand getackerten Straßenkarte von Seattle. Pazaski paßt recht gut in diesen engen Raum – er ist ein dünner, drahtiger Typ mit einer großen Nase, einem Schnurrbart und einer Bariton-Stimme, die wie eine Tuba aus seinem überdimensionierten Adamsapfel tönt. Seine Augen huschen umher, als ob sie einem ständig über die Schulter hinweg sehen wollten, um zu sehen, wer da hinter einem den Gang entlanggeht. Für seinen Job zieht er sich lässig an, normalerweise in Chinos und Halbschuhen, einem Polo- oder Rugby-Hemd. Er wuchs in Washington auf und ist inzwischen seit fünf Jahren für McCaw tätig. Bis zum Juli 1994 kümmerte er sich um unbeglichene Rechnungen, die in der Betrugsabteilung gelandet waren – im wesentlichen ein Schreibtischjob. Dann wurde er auf einen aktiveren Posten befördert. Zur Zeit ist er dafür verantwortlich, jede illegale oder betrügerische Nutzung des McCaw Cellular Service in den Staaten der Rocky-Mountains- und der Pazifik-Gegend aufzuspüren – die Gegend, die im Sprachgebrauch von McCaw «Pac-Rock-Region» heißt.

Man könnte glauben, das sei ein großes Gebiet, aber anders als New York oder Los Angeles, wo Drogendealer ständig geklonte Telefone benutzten und wo wohletablierte «Call-Sell»-Ringe operierten, gab es in dieser Gegend sehr wenige Mobiltelefon-Betrügereien. Tatsächlich wurde diese Stelle erst für Pazaski neu eingerichtet. Davor hatten sie überhaupt niemanden, der darauf aufpaßte.

An den meisten Mobiltelefon-Betrugsfällen sind modifizierte Handys beteiligt, mit denen kostenlose Gesprächszeit gestohlen wird. Kein gewiefter Trick. Mobiltelefone sind im Grunde Radios, die Signale an nahe gelegene Funkmasten schicken, welche dann die Telefongespräche über terrestrische Leitungen an die Bestimmungsorte schicken. Jedes Telefon hat zwei Identifikationsnummern, die automatisch via Radiowellen mit jedem Anruf ausgesandt werden: eine ist die Telefonnummer selbst, und die andere ist eine Elektronische Serien-Nummer (ESN), eine permanente Seriennummer, die vom Hersteller in jeden Apparat einprogrammiert wurde. Wenn ein Anruf getätigt wird, überprüfen die Computer des Handy-Netzbetreibers, die die Gespräche vermitteln, automatisch die Mobiltelefon-Nummer und die ESN – wenn sie mit den Unterlagen des Netzbetreibers übereinstimmen, geht der Anruf weiter.

Um Gratistelefonate zu führen, «klont» ein Outlaw ein Telefon – das heißt, die Handy-Software wird neu programmiert, so daß es sich wie das Telefon eines anderen verhält. Um das zu können, braucht es sowohl großes technisches Know-how als auch spezielle Software und einen Laptop-Computer. Der kniffligste Teil dieses Vorgangs ist jedoch nicht technischer Natur: Man muß von irgend jemandem die Telefonnummer und die ESN erhalten. Die ESN ist wahrscheinlich nur dem Telefonhersteller und dem Mobiltelefon-Netzbetreiber bekannt. Und sie wird wahrscheinlich von beiden wohl gehütet. Es gibt jedoch verschiedene Wege, dieses Problem zu umgehen. Eine Methode wäre, die Nummer mit einem Scanner aus den Radiowellen herauszufiltern – dies erfordert aber ein ziemlich teures Equipment und liegt damit weit über den Mitteln der meisten Hacker kleineren Kalibers. Der Großteil der Hacker setzt Social Engineering ein. Er oder sie könnte etwa einen Händler anrufen und als Mitarbeiter auftreten, erklärt Pazaski. «Sie könnten jemanden in der Zentrale anrufen und beispielsweise sagen: ‹Hi, ich bin Dave in der Aktivierungsabteilung. Wir haben da ein Problem mit der Aktivierung und bräuchten jetzt die letzten fünf Nummern, die aktiviert werden sollen.› Und, zack, hat er sie vielleicht schon.»

Mobiltelefon-Betrügereien sind schwer aufzuspüren – und mit erheblichen Kosten verbunden. Bis vor kurzem haben sich viele Netzbetreiber nicht groß darum geschert – sie haben es als Geschäftsausgaben abgeschrieben. Aber jetzt beginnen sie etwas aufmerksamer zu werden. Die Mobiltelefon-Industrie behauptet, daß ihr im Jahr 1994 die enorme Summe von 1 Milliarde Dollar an Einnahmen wegen Betrugs verlorengegangen sei. Um dem einen Riegel vorzuschieben, installieren viele Netzbetreiber komplexe

Computer-Systeme, die zur Feststellung unregelmäßiger Benutzungsmuster entwickelt wurden. Das funktioniert dann sehr gut, wenn der Outlaw drei Stunden nach Pakistan telefoniert. Aber bei einem ruhigen Hacker, der es nur für den persönlichen Gebrauch benutzt und dabei sichergeht, jede Woche ein neues Telefon zu klonen, sind die Chancen, ihn zu erwischen, gleich Null.

So oder ähnlich muß Kevin Mitnick gedacht haben.

Letzten Juli, Pazaski hatte gerade sein neues Büro bezogen, erhielt er einen Anruf von einem der Firmenvertreter von McCaw in Oregon. Der Repräsentant hatte Grund anzunehmen, daß irgend jemand mit einem geklonten Telefon aus Oregon in Washington telefonierte, und bat Pazaski, sich der Sache anzunehmen. Pazaski überprüfte die detaillierten Gesprächsdaten der verdächtigen Telefonate. Indem er überprüfte, in welchen Funkzellen die Telefonate eingeloggt wurden – das heißt, welche Funkmasten sie entgegennahmen –, konnte Pazaski eine grobe Annäherung an den Aufenthaltsort des Anrufers liefern.

Die betrügerischen Telefonate begannen am 27. Juni in Albany, Oregon. Anscheinend bewegte sich der User in Richtung Norden, denn die Linie, mit der sich die einzelnen Anrufe verbinden ließen, wanderte schnurstracks die Interstate 5 nach Salem entlang, dann weiter nach Portland und schließlich in den Großraum von Seattle. Dann, am 28. Juni, schaltete er auf eine andere Nummer. Das ist ein normaler Trick, um einer Entdeckung vorzubeugen. Viele Phreaker glauben, daß sie niemals erwischt werden, wenn sie nur häufig genug ihre Nummer ändern. In diesem Fall, stellte Pazaski fest, wechselte der Phreaker am 2. Juli auf eine andere Nummer. Er benutzte die Nummer für fünf oder sechs Tage und änderte sie dann erneut. Später, als Pazaski sich noch mal daranmachte, den Vorfall zu rekonstruieren, stellte er fest, daß sich der Phreaker offenbar immer sicherer fühlte, denn die Intervalle zwischen jedem Ändern der Telefonnummern wurden zunehmend länger: acht Tage, dann elf Tage, danach sechzehn Tage.

Aber Pazaski konnte auch nicht einfach losgehen und ihn

verhaften. Zum einen kann man nicht wegen eines Verlusts von fünfhundert Dollar zur Polizei gehen. Die würden dich nur auslachen. Er mußte auf größere Summen warten, um die Polizeibehörden dafür zu interessieren. Als Faustregel gilt: Der Secret Service, der die juristische Zuständigkeit über den Großteil der Mobiltelefon-Betrugsfälle hat, rührt keinen Fall unter einer Verlustsumme von 10000 Dollar an.

Außerdem braucht man jede Menge Zeit, um einen Phone-Phreaker aufzuspüren, und das ist es nicht wert, außer, es ist ein Haufen Geld im Spiel. Oftmals, wenn es ein Drogenhändler oder eine «Call-Sell»-Organisation ist, kann der User Abertausende von Dollars in nur wenigen Tagen zusammentelefonieren. Aber das war hier ganz klar nicht der Fall. Wenn er sich die Telefonnummern ansah, konnte Pazaski sehen, daß es sich nicht um einen Oberliga-Kriminellen handelte (die Mehrheit der Mobiltelefon-Hacker ist übrigens, wie die Mehrzahl der Hacker, männlich). Und tatsächlich, wenn man sich die Nummern anschaute, war gleich ziemlich klar, daß die Person ein Hacker war. Er wählte sich quer durchs Land bei einer größeren Anzahl von Internet-Providern ein. Er machte nur wenige persönliche Anrufe – meistens bei Kinos, wegen des Busfahrplans oder um ein Taxi zu bestellen. Es gab auch einige Anrufe beim Showboat-Casino in Las Vegas.

Für Pazaski war das ein Problem, aber kein großes. Klar, der Typ stahl sich einfach kostenlosen Telefonservice, aber er ließ keine tausend Dollar bei Gesprächen nach Bangladesch zusammenkommen. In New York oder L. A. wären seine geringfügigen Aktivitäten gar nicht erst bemerkt worden. Zu dumm für diesen Hacker, daß dies nicht New York oder L. A. war. In Seattle aber fiel selbst eine geringe mißbräuchliche Nutzung wie ein geschwollener Daumen auf. Hinzu kam, daß Seattle einen Betrugssachbearbeiter namens Kevin Pazaski hatte, der nicht nur neu in seinem Job, sondern auch etwas gelangweilt war. Pazaski wartete also ab und beobachtete. Mehr oder weniger erwartete er eigentlich, daß der Hacker es irgendwann mit der Angst zu tun bekäme und aufgeben würde. Er hatte das schon viele Male gesehen – für einige

Wochen benutzten sie ein geklontes Telefon, vielleicht für einen Monat, und dann wurden sie nervös. Die Rechnungen häuften sich. Anfang Oktober, als Pazaski den gesamten Betrugsverlust auf etwa 15000 Dollar schätzte, ging er los und engagierte einen Privatdetektiv.
Es war Zeit für die Hacker-Jagd.

9 Todd Young verbreitet irgendwie dieses David-Caruso-Feeling. Dieses rothaarige Macho-Verhalten, der rauhe Charme eines harten Burschen. Aber während Caruso, der frühere Star der TV-Krimiserie *N.Y.P.D. Blue*, in Fantasialand einherstolzierte, lebt Young in der realen Welt. Er ist ein Privatdetektiv, der sich für die Guidry Group, eines der größten Privatdetektiv-Unternehmen des Landes, auf Betrugsfälle mit Mobiltelefonen spezialisiert hat. Sie nehmen sich jeder Sache an: von Leibwächtern für Firmenbosse und ausländische Würdenträger bis zum Aufspüren aufsässiger Ehemänner. Young arbeitet meistens an der Westküste, von L. A. bis Seattle. Typischerweise wird er von Mobiltelefon-Netzbetreibern angeheuert, wenn sie etwas besonders Gefährliches oder Ungewöhnliches am Hals haben. Er verfolgt Drogenhändler in South Central, die geklonte Telefone benutzen, oder die russische Mafia. Allein arbeitende Hacker sind Peanuts für ihn, nichts, worüber man in Wallung geraten müßte. Im wesentlichen ist er ein Jäger auf Prämienbasis – schieb die Kohle rüber, und schon verfolge ich die Spur.

Tatsächlich hatte ihn früher im Jahr bereits ein High-Tech-Unternehmen aus dem Großraum L. A. (Young wollte nicht sagen, welches) engagiert, um zu sehen, ob er Kevin Mitnick finden könne. Young verbrachte einige Wochen damit, ihm hinterherzuspüren, bekam aber nichts heraus. Wenn die Firma willens gewesen wäre, mehr Geld in die Sache zu stecken, dann, da hat Young keine Zweifel, wäre es ihm wahrscheinlich gelungen. Aber als Young den Verantwortlichen des Unternehmens erklärte, daß es kein billiges Unterfangen werden würde, Kevin zu finden, ließen sie die Untersuchungen einstellen. Als Young von dem Hacker hörte, den Pazaski beobachtete, kam ihm der Name Kevin Mitnick überhaupt nicht in den Sinn. Er vermutete ihn immer noch im Raum Los Angeles.

Für Pazaski war es naheliegend, Young zu engagieren. Bei einem kleinen Gauner wie diesem würde es monatelange Überredungskunst brauchen, den Secret Service für die Suche nach Kevin zu interessieren – schließlich hatten sie wichtigere Dinge zu tun, als solch harmlosen Verbrechern hinterherzujagen. Und die örtlichen Bullen, na ja... Der einzige Weg, ihn zu stoppen, war, ihn auf eigene Faust zu jagen, seinen Namen, seine Adresse und andere wichtige Informationen herauszufinden und ihn dann auf einem Silbertablett zu servieren.

Deshalb rief Pazaski Young an. Sie kannten sich bereits seit fünf oder sechs Jahren. Bei U.S. West, einem anderen Telekommunikationsunternehmen, hatten sie zusammengearbeitet, und jeder war dann seine eigenen Wege gegangen. Eines Nachmittags trafen sie sich wieder, am Tisch in einem von McCaws Konferenzräumen. Pazaski hatte festgestellt, daß der Hacker ein geklontes Mobiltelefon mit der Nummer 206-619-0086 benutzte. Dann ließ er den Computer einen Bericht über alle Anrufe erstellen, die der Hacker unter dieser Nummer gemacht hatte, und entdeckte, daß die meisten der Gespräche über zwei Funkmasten in Central Seattle liefen. Das bedeutete, daß der Hacker wahrscheinlich jedesmal vom selben Ort oder aus dessen Nähe anrief. Das vereinfachte die Sache. Hätte sich der Hacker bei jedem Anruf irgendwohin bewegt, wäre er beispielsweise in einem Auto in Seattle herumgefahren, wäre es im Grunde genommen nicht möglich gewesen, ihn festzunageln. Aber so wie es aussah, mußten sie nicht mehr machen, als auf einer Karte von Seattle den Standort jedes Turms mit einem Kreuz zu markieren. Einer war auf einem Hügel geradewegs über Green Lake an der Interstate 5, während sich der andere auf dem Dach des Universitätskrankenhauses auf dem Campus der University of Washington befand. Dann zeichneten sie einen lockeren Kreis rings um die Gegend, wo sich die Sendebereiche der beiden Funkmasten überlappten – ein Gebiet, grob gerechnet fünfzehn Straßen breit und drei Straßen hoch, mitten im Herzen des U-(University-)Bezirks, wie er von den Einheimischen genannt wird. Von dort aus operierte ihr Hacker. Abgesehen davon, daß er die Suche erheblich erleichterte, gab ihnen der Standort verschiedene Informationen. Es war kein russischer Mafioso, wahrscheinlich war es ein College-Student. Anscheinend hatte er eine Menge Zeit zur Verfügung – er war fünf oder sechs Stunden täglich am Telefon. Er war ganz bestimmt ein Hacker – fast alle Anrufe gingen an Internet-Provider oder Mailbox-Systeme. Die Ortsangabe ließ auch darauf schließen, daß er von einer Wohnung aus operierte. Für Young war er nur ein weiterer Technic-Nerd, der sich außerhalb des Gesetzes stellte.

Am Nachmittag des 7. Oktober fuhr Young mit seinem Jeep Cherokee zu Pazaskis Büro in Kirkland. Von außen sah er aus wie jeder andere Cherokee – mit Ausnahme einer kleinen, lustig aussehenden Antenne auf dem Dach. Innen drin war er jedoch High-Tech de Luxe. Das Herzstück war ein TSR CellScope 2000, das an ein Toshiba-Laptop angeschlossen war. Das CellScope ist im wesentlichen ein Radioempfänger, der die Gespräche mit Mobiltelefonen auf ähnliche Weise einfängt wie ein Radiotuner eine Radiostation. An den Receiver angeschlossen war ein kleiner weißer Kasten, der auf dem Armaturenbrett befestigt war. Er empfing die Signale des Mobiltelefons über die Antenne und zeigte sie durch einen Kreis von roten LED-Lichtern an. Wenn ein Gespräch aufgespürt wurde, leuchteten die LEDs auf und zeigten die Richtung an, aus der das Gespräch kam. Alles, was Young machen mußte, war, stur auf dem Signal zu bleiben und in Richtung des LED-Lichts zu fahren – wenn es nach links zeigt, fahre nach links. Und wenn es geradeaus zeigt, fahre geradeaus.

Young und Pazaski fuhren gegen dreizehn Uhr an einem kühlen, klaren Herbsttag los. Es war bereits besprochen, daß Pazaski fahren sollte, so daß Young mit dem Equipment herumfummeln konnte. Während es für Young einfach nur einen weiteren Arbeitstag bedeutete, war Pazaski ziemlich aufgeregt. Normalerweise unternahm er keine solchen Abenteuer, aber da Young sein Freund war und da der Hacker sich im U-Distrikt aufhielt (nicht gerade eine furchteinflößende Nachbarschaft), fühlte er sich ganz wohl dabei, ihm hinterherzulaufen.

Nach Seattle war es nur eine kurze Fahrt über die Evergreen-Point-Floating-Brücke. Die Abfahrt der Autobahn spie sie in die äußeren Zonen des U-Bezirks aus. In einer ruhigen Wohnstraße fuhren sie dann an den Rand und besprachen ihre Strategie. Sie kannten die Telefonnummer, die der Hacker benutzte, aber in dem entsprechenden Funkzellbereich gab es ungefähr vierzig bis fünfzig Kanäle, von denen das Gespräch rausgehen konnte. Young stellte den Scanner so ein, daß er nach jeweils kurzer Zeit automatisch von Kanal zu Kanal sprang. Gesprächsfetzen erfüllten das Auto, als der Scanner die Kanäle durchging – Gespräche über geschäftliche Dinge, versäumte Verabredungen, banale Unterhaltungen, unterbrochen von kurzen Ausbrüchen statischer Geräusche. Sie wußten, daß die meisten seiner Anrufe an Internet-Access-Punkte gingen, und lauschten deshalb auf das charakteristische Rauschen und Kreischen eines Modems. Sie wußten außerdem, daß er normalerweise nicht vor 17.30 oder 18.00 Uhr on air sein würde – vermutlich nachdem er von der Arbeit nach Hause gekommen war.

Wie die Zeit totschlagen? Sie fuhren die Grenzen der Gegend ab, die sie auf der Karte markiert hatten. Manchmal hielten sie am Straßenrand und lauschten dem Scanner, lachten über kleine Stückchen von Unterhaltungen, die sie einfingen (Mobiltelefon-Netzbetreiber und von ihnen beauftragte Angestellte sind von den Gesetzen ausgenommen, die das Mithören von Mobiltelefonaten untersagen). Etwa eine Stunde später machten sie Mittag. Dann fuhren sie wieder etwas weiter, parkten noch mal in einer Straße am Rande des U-Distrikts, dort, wo die schäbige studentische Nachbarschaft von zerbrochenen Fensterscheiben und städtischer Verzweiflung verdrängt wird. Die Schatten wurden länger, und sie beobachteten einen Drogendeal, der keine 150 Meter von ihnen entfernt abgewickelt wurde. Das war ihnen nicht ganz geheuer – plötzlich kam Young der Gedanke in den Sinn, daß irgendein ausgeflippter Crackhead sie für Bullen halten und einen Schuß auf sie abfeuern könnte. Sie fuhren weiter und lenkten den Wagen einen Hügel hinauf in eine wohlhabendere Gegend mit Aussicht auf die Interstate 5. Die Lichter von Seattle glitzerten unter ihnen. Es war 18.20 Uhr. Sie hatten mehr als fünf Stunden zusammen in dem Auto verbracht, waren müde, gelangweilt, launisch und bereit, den Tag abzuschreiben.

Und dann fingen sie ein paar männliche Stimmen auf dem CellScope ein. Sie sprachen darüber, in ein paar Dateien zu kommen, sie aufzumischen. Young checkte den Empfänger – das Gespräch kam von 206-619-0086. Das war ihr Mann! Pazaski fühlte einen Adrenalinstoß. Die LEDs schlugen nach rechts aus, der Anruf mußte also aus Südwest kommen, von irgendwo da unten im Herzen des U-Bezirks.

«Er kommt von da unten!» rief Young und deutete auf die Nachbarschaft unter ihnen.

Pazaski drückte aufs Gas. Sie fuhren nach links, die Ravenna, eine große Hauptstraße, runter. Der Verkehr war stockend und die Zeit kostbar. Sie mußten den Hacker finden, bevor er auflegte. Jede rote Ampel ein Alptraum. Young klopfte aufs Armaturenbrett: «Los komm, mach jetzt!»

Während sie die Ravenna Avenue runterfuhren, beobachtete Young die Signalstärke und die LEDs auf dem CellScope. An der Roosevelt bogen sie nach Osten ab, so lange, bis die Signalstärke geringer wurde. Als sie die 50th Street erreichten, ging die Signalstärke wieder nach oben. Aufs neue konnten sie die Stimmen der beiden Typen hören – Pazaski war von ihrer Dreistigkeit betroffen. Sie unterhielten sich darüber, wie man in Dateien reinkommen und sie zerstören kann. Young horchte genau hin, verstand einige wenige Namen von Orten. Klang, als ob sie hinter jemandem her wären, der in Denver lebte.

«Dieser Typ ist ein verdammter Terrorist!» meinte Young.

Währenddessen steckten sie schon wieder vor einer roten Ampel fest. «Scheiße, verdammt noch mal! Jetzt mach schon!» Als die Ampel umsprang, fuhren sie die Brooklyn Avenue hoch. Sie waren nur einige Straßen weit gefahren, als die LEDs plötzlich nach links ausschlugen. Sie fuhren eine Runde um den Block, und als sie die Straße noch einmal herunterfuhren, schlugen die LEDs wieder aus. Am stärksten schien das Signal zu sein, als sie an einem verschlissenen, bröckelnden 50er-Jahre-Apartmentkomplex namens «The Lyn-Mar» vorbeifuhren. Okay, das also mußte der Ort sein. Um sicherzugehen, fuhren sie noch einmal daran vorbei. Als sie das Lyn-Mar passierten, reagierten die roten LEDs heftig, und die Signalstärke war auf ihrem Maximum. Alles klar.

Young war etwas verzagt, als er sah, daß der Typ in einem Apartmentkomplex lebte. Das erschwerte die genaue Ortung. Das CellScope war großartig dafür, einen in die unmittelbare Nähe eines Anrufers zu lotsen, schwieriger wurde die genaue Bestimmung der Wohnung, in der er sich befand. Young stieg aus dem Auto aus und ging zur Vorderseite des Lyn-Mar rüber. Er kam an einer Reihe goldfarbener Briefkästen vorbei, die in die Wand eines niedrigen Gangs im Erdgeschoß eingebaut waren. Er war erleichtert, festzustellen, daß es nur zwölf Einheiten in dem Gebäude gab – es sollte also nicht allzu schwierig sein, den Kreis einzuengen, dachte er. Der Familienname jedes Bewohners war mit blauem Klebeband an der Vorderseite der Briefkästen angebracht. Young fing gerade an, die Namen zu lesen, von links nach rechts, mit Apartment 1 beginnend: «Merrill». Apartment 2...

Bevor er noch den nächsten Namen lesen konnte, hörte er eine Stimme durch die dünne Putzwand. Eine männliche Stimme. Er hörte genauer hin... sie kam durch die Tür des Apartment 1, nur ein paar Meter zu seiner Rechten. Er ging näher hin, bückte sich unterhalb des Türspions und lauschte... es war derselbe Typ, den er über das CellScope gehört hatte. Er war es, der Hacker! Young konnte sein Glück kaum fassen. «Ich lachte innerlich. Ich dachte: ‹Verdammt, ich kann es gar nicht fassen.›»

Er rannte zurück zum Cherokee und berichtete Pazaski: «Kevin, Kevin, du wirst es nicht glauben. Ich hab ihn gefunden. Ich hab seine Stimme gehört...» Während er mit Pazaski sprach, war die Stimme des Hackers immer noch im CellScope hörbar. «Das ist er», bestätigte Young. Für Pazaski war das verdammt aufregend. Für Young war es verdammt befriedigend. Keiner von der bescheidenen Sorte, meinte Young: «Ich hoffe, ich hab dich beeindruckt.» Die ganze Sache hatte, im äußersten Fall, vielleicht fünf bis zehn Minuten gedauert.

Bald danach war der Anruf zu Ende. Im Glauben, daß der Tag für sie gelaufen war, zog Young ein Notizbuch heraus. Er ging zurück über die Straße, um sich Notizen für die beeidigte Erklärung zu machen, die er schreiben mußte, um einen Durchsuchungsbefehl zu bekommen. Er hatte gerade damit angefangen, als er hörte, wie eine Tür geöffnet wurde – die Tür zum Apartment 1, die Tür des Hackers! Young sah, wie die Tür aufging, und da war er, er kam gerade heraus. Young duckte sich hinter einen Lieferwagen und beobachtete, wie er die Tür verschloß – für Young war dies ein entscheidendes Detail. Der Typ, den er sah, wohnte also wirklich da und war nicht nur ein Freund oder Besucher. Youngs erster Eindruck: Er war nicht der College-Frischling, den er erwartet hatte, sondern älter, vielleicht ein Student der oberen Semester. Young dachte, daß er wie ein übergewichtiger Weird Al Yankovic aussähe. Eine großer Typ, stämmig, nicht fett. Kleiner Schnurrbart. Längere schwarze Haare. Helle, mit Metall eingefaßte Brille. Lederjacke. Er trug eine bunte Sporttasche über seiner Schulter.

Sie machten eine Kehrtwendung mit ihrem Wagen und folgten ihm die Straße hinauf. Sie beobachteten, wie der Mann, den sie als Brian Merrill kennenlernen sollten, einige Straßenzüge weiter in den Safeway-Supermarkt an der Ecke 52nd Street und Brooklyn Avenue ging. Als er den Laden betrat, bogen sie in einen Parkplatz auf der anderen Seite der Straße ein. Pazaski sprang raus und setzte die Jagd in den Safeway hinein fort. Er sah, wie Merrill eine große Flasche Mineralwasser kaufte. Pazaski nahm sich etwas Arizona-Eistee und Bananen. In der Schlange an der Kasse stand Pazaski direkt hinter ihm. Merrill sagte nichts, zu niemandem, lächelte den Kassierer nur an, bezahlte das Wasser und ging die Straße runter zu dem kleinen, trübseligen YMCA, wo er öfter Fitnesstraining machte. Pazaski ging zum Cherokee zurück, wo Young wartete. Genug Aufregung für eine Nacht.

Am nächsten Abend kam Young wieder – diesmal ohne Pazaski. Young wollte seiner Sache komplett sicher sein – er wollte nicht, daß ihm irgendwelche Fehler unterlaufen waren. Er saß über eine Stunde draußen vor Merrills Apartment und hörte ständig den rauschenden Sound des Modems über den Scanner.

Young nahm sich einen Abend frei und kehrte am Montag, den 10. Oktober gegen 18.30 Uhr erneut zurück. Er parkte auf der Straße, nicht weit von Merrills Wohnung, schaltete den Scanner ein – nichts. Ungefähr zehn Minuten später sah er die gleiche Weird-Al-Yankovic-Gestalt mit einer weißen Plastiktüte die Straße hinuntergehen. Er sah, wie er das Apartment betrat. Zwei Minuten später fing der Scanner einen Anruf ein, der von einem Anrufbeantworter in Denver beantwortet wurde – der Anrufer hängte auf, ohne eine Nachricht zu hinterlassen. Eine Minute danach rief dieselbe Person ein Voice Mail System in Denver an – und hängte wieder auf. Dann war da noch ein weiterer Anruf an einen Anrufbeantworter – diesmal hörte Young, daß er eine Nachricht hinterließ. Sie begann mit «Hey, Alter, ich bin's». Es war Merrill. Er sagte, er würde «zwei Paßwörter-Eintragungen» schicken, und bat die Person, ihn zurückzurufen, wie ihre «Cracker»-Software laufen würde. Er fragte, ob Cracker das «gesamte Webster-Wörterbuch» benutzen würde oder ob es in der Lage sei, «Permutationen von Wörtern laufen zu lassen». Merrill beendete den Anruf mit «Ich werd mich später noch mal darum kümmern».

Fünf Tage später war Young wieder zurück. Er und seine Frau wollten sich einen Film in einem nahe gelegenen Kino ansehen.

Nachdem sie ihre Karten gekauft hatten, blieb noch etwas Zeit. Young wollte seiner Frau den Hacker zeigen, den er beobachtete. Sie arbeitete ebenfalls im Mobiltelefon-Bereich und hatte darum mehr als nur ein flüchtiges Interesse an den Geschehnissen. Er parkte den Cherokee am gewohnten Platz, und kurz nach achtzehn Uhr begannen die Anrufe wieder. Sie hörten bei zwei kurzen Anrufen in den Raum L. A. zu. Dann öffnete sich die Tür, und Merrill kam heraus. Er trug wieder Jeans und eine Lederjacke. Außerdem hatte er dieses Mal sein Mobiltelefon dabei. Young und seine Frau beobachteten, wie er wählte – und stritten darüber, welches Handy-Fabrikat er wohl benutzte. Dann hielt er das Telefon ans Ohr und – da war sie wieder, diese Stimme, die aus dem Scanner kam. Young startete den Cherokee und folgte Merrill die Straße hinunter zu Safeway. Sie hörten ihn stöhnen und grunzen, als sie müßig hinter ihm her rollten.

Nach dem Film kamen Young und seine Frau nochmals zurück. Sie warfen den Scanner an. Dieses Mal hörten sie nur Modem-Sounds. Aber nach ungefähr zwanzig Minuten kam Merrill aus seinem Apartment raus und ging mit seinem Handy die Straße runter. Er telefonierte erneut nach Denver. Young und seine Frau fuhren ihm etwa einen Straßenzug voraus und hielten auf dem Parkplatz in der Nähe eines Taco Bell. Sie sahen, daß er direkt auf sie zukam. Er kam näher und näher. Eine ungewöhnliche Situation. Für den Bruchteil einer Sekunde fragte sich Young, ob Merrill hinter ihm her war. Um sich zu tarnen, beugte Young sich vor und fing an seine Frau zu küssen. Es war eine Szene wie aus einem Film von Alfred Hitchcock. Merrill ging im Abstand von etwa eineinhalb Metern am Wagen vorbei und direkt ins Taco Bell hinein. Er warf nicht einmal einen flüchtigen Blick zu ihnen hin.

10 Am Samstag, den 27. Oktober kamen Young und Pazaski etwa gegen achtzehn Uhr im Polizeirevier Seattle North an. Sie trafen sich mit einigen Polizeioffizieren, darunter Detective John Lewitt, der bei der Polizei von Seattle Mitglied einer Einheit für Betrug und Explosivstoffe war. Einen Hacker zu fangen gehört nicht gerade zu den Routineaufgaben für die Polizei von Seattle. Wie andere Cops tendierten auch sie dazu, Kriminalität immer mit Pistolen oder Huren in Verbindung zu bringen. Aber hey, wenn der Boss will, daß dieser Typ verhaftet wird, machen wir es eben. Um ein Gefühl dafür zu bekommen, auf was sie sich da einließen, sahen sie sich ein kurzes Video über Computer-Hacker an – was sie machen, wie man sie verhaftet und wie man vorschriftsgemäß ihr Equipment beschlagnahmt. Sie lernten zum Beispiel, daß es sehr wichtig ist, den Computer abzuschalten – ja nicht ins Zimmer stürzen und einfach die Strippe aus der Steckdose reißen, wertvolle Informationen könnten andernfalls verlorengehen. Als das Video vorbei war, zog Lewitt eine kugelsichere Weste unter seinen Mantel. Bei der Vollstreckung eines Haftbefehls war das ein normales Verfahren bei der Polizei, daß ein Beamter eine Weste trug. Einige Minuten später fuhren Young und Pazaski im Cherokee los, während Lewitt und die anderen Polizeibeamten den Sprengmeister-Lastwagen nahmen, der auch als Transporter für beschlagnahmte Gegenstände diente. Sie hatten eine regelrechte Mannschaft zusammengestellt – vier Kriminalbeamte, zwei Polizeimeister, einen Hauptmann, und zwei Wachtmeister. Vier Agenten des Secret Service folgten in einem weiteren Auto.

Es war ungefähr 19.15 Uhr, als sie im U-Distrikt ankamen. Die Polizisten versammelten sich alle auf dem Parkplatz eines nahe gelegenen Burger Kings, während Young und Pazaski an Merrills Apartment vorbeifuhren – sie stellten fest, daß drinnen die Lichter an waren, ein ermutigendes Zeichen. Dann parkten sie in einer Seitenstraße etwa einen Straßenzug weiter nördlich. Young schaltete seinen Scanner an und hoffte, einen von Merrills Anrufen zu erwischen. Wenn möglich, wollten sie ihn in Action kriegen, während er tatsächlich ein geklontes Telefon benutzte. Er würde dann die Polizei anfunken, die reingehen und sich den Hacker schnappen konnte. Young hatte genug Zeit mit der Beobachtung von Merrill verbracht, so daß er seine Verhaltensmuster ziemlich gut kannte. Er war zu diesen Abendstunden immer am Telefon. Ausgenommen heute nacht.

Sie warteten eine halbe Stunde, nichts passierte. Die Cops saßen bei Burger King auf dem Parkplatz, tranken heiße Schokolade und Kaffee, meckerten über das Footballspiel der Washington Huskies vom vergangenen Sonntag (sie verloren 31:20 gegen die Universität von Oregon). Eine weitere halbe Stunde verging. Die Cops guckten auf ihre Uhren. Was war los? Schließlich sollte das ein schnelles Rein-und-wieder-Raus werden. Niemand war in der Stimmung, die ganze Nacht zu verschwenden. Der Typ war ja nur ein mieser Phone-Phreaker.

Von all den Nächten macht er ausgerechnet heute Ferien, dachte Young. Jetzt saß er bereits mehr als eineinhalb Stunden rum. Wenn Merrill nicht daheim war, warum brannten dann die Lichter? Guckte Merrill vielleicht Fernsehen? Young bezweifelte es. Aus dem, was er bisher über Merrills Leben mitbekommen hatte, war er immer am Telefon, wenn er zu Hause war.

Youngs Frustration wuchs. Er hatte eine Menge Arbeit in diesen Fall gesteckt. Zu den Stunden, die er mit der Überwachung verbracht hatte, waren auch noch einige Tage für das Schreiben einer eidesstattlichen Erklärung nötig gewesen. Und er hatte heftig Lobbyismus betreiben müssen, um jemanden zu finden, der den Fall übernahm. Die lokale Polizei wollte ihn nicht, sie war zu beschäftigt. Der Secret Service, dem normalerweise die Rechtshoheit bei Betrugsdelikten mittels Mobilkommunikation obliegt, war nicht daran interessiert. Die Geldsummen, die McCaw verlor, waren einfach zu gering. Erst als er den Fall Ivan Orton vortrug, einem smarten und fortschrittlichen Staatsanwalt in King County, kam die Sache endlich ins Rollen. Mit Ortons Hilfe konnten sie schließlich die Polizei in Seattle überzeugen.

Young hatte ein Polizeifunkgerät in seinem Cherokee, aber da er Bedenken hatte, daß Merrill ihn abhören würde, benutzte er es nicht. Young und Pazaski saßen im Dunkeln und warteten. Sie spekulierten darüber, wo Merrill sein mochte. Sie ließen sarkastische Kommentare über die Vorbeilaufenden ab, klopften ungeduldig aufs Armaturenbrett, gähnten und warteten weiter.

Um etwa neun Uhr abends, nach bald zwei Stunden, in denen nichts passierte, brachte sie der schwatzende Polizeifunk ins Leben zurück: «Okay, wir sind jetzt zur Verhaftung bereit.»

Young schlug sehr höflich vor, daß sie noch eine Weile warten sollten.

Der Vorschlag wurde abgelehnt.

Ein ziviles Polizeiauto fuhr etwa dreihundert Meter von Merrills Apartment entfernt vor. Lewitt, Tom Molitar, ein Secret-Service-Agent und andere Cops sprangen heraus. Schnellfüßig und schweigsam bewegten sie sich auf Merrills Vordertür zu, vorsichtig, um nicht durch das Fenster von ihm gesehen zu werden. Wenn er zu Hause war, wollten sie ihn nicht aufschrecken.

Lewitt positionierte sich auf der einen Seite der Tür, Molitar auf der anderen. Ein weiterer Cop stand hinter ihnen Wache. Einige Polizisten beobachteten die Fenster, andere den Hinterausgang, und weitere Cops befanden sich auf der Straße. Sie hatten den Ort weiträumig umstellt.

Lewitt klopfte. «Seattle Police.»

Nichts.

Er pochte erneut. «Seattle Police. Wir haben einen Durchsuchungsbefehl.»

Immer noch keine Antwort.

«Laß uns reingehen», sagte Lewitt zu Molitar. Beide hatten ihre Pistolen aus dem Halfter gezogen – ein Standardvorgehen bei gewaltsamem Zutritt, man weiß ja nie, was sich hinter der Tür befindet. Es ist einer der unheimlichsten Momente im Leben eines Cops und statistisch gesehen auch einer der gefährlichsten.

«Fertig?»

Lewitt und Molitar gaben der Tür einen ordentlichen Tritt. Die wenig solide, alte Holztür fiel augenblicklich in sich zusammen. Dahinter fanden sie ein kärglich eingerichtetes, höhlenartiges Apartment vor. Das einzige, was es von anderen kärglich eingerichteten, höhlenartigen Apartments dieser Erde unterschied, war ein Schlangennest an High-Tech: ein Toshiba-T4400SX-Laptop, diverse Modems, Mobiltelefone und Gebrauchsanleitungen. Die Möbel waren heruntergekommen – «Goodwill-Möbel» nannte sie Lewitt. Ihm kam der Ort einsam und unpersönlich vor – keine Fotos an den Wänden, keine Poster, kaum irgend etwas Persönliches. Er bemerkte ein Röntgenbild auf dem Küchentisch, scheinbar von jemandes Dickdarm. Daneben lagen Rechnungen für medizinische Leistungen sowie ein Rezept für Zantac, ein Medikament, das häufig bei Magenproblemen verschrieben wird.

Nachdem sie das Badezimmer und die Schränke überprüft hatten, um sicherzugehen, daß sich niemand irgendwo versteckt hielt, gingen Lewis und die anderen Beamten ans Werk. Sie fuhren den Sprengmeister-Lastwagen vor das Apartment – ein Fehler, so glaubte Young, denn es zeigte der Welt, daß hier Polizei zugange war – und begannen mit besonderer Akribie Merrills Wohnung zu untersuchen. Sie verknipsten sieben Rollen 35-mm-Film. Sie konfiszierten 150 Gegenstände, darunter seinen Computer, verschiedene Mobiltelefone, drei Modems sowie Kabel, Stecker, Batterieladegeräte und Disketten. Sie griffen sich Merrills Aerosmith- und Red-Hot-Chili-Peppers-CDs, Durchschläge von Geldüberweisungen, alte Papiere aus seinem Nachttisch, einen Labello, sein Scheckbuch, medizinische Unterlagen sowie einen dicken Wälzer mit dem Titel *VAX/VMS Internals and Data Structures*. Als sie ihren Job beendet hatten, waren einige Kleidungsstücke, ein paar Töpfe und Pfannen sowie ein altes, klobiges Mountainbike so ziemlich die einzigen Sachen, die noch übrig waren. Sie hinterließen eine Kopie des Durchsuchungsbefehls auf dem Küchentisch.

Während die Polizei das Apartment durchsuchte, setzte David Drews, der Manager des Lyn-Mar, Merrills Tür so gut er konnte wieder instand. Er war überrascht, daß Merrill Probleme hatte. Er hatte ihn zwar nicht besonders gekannt, aber er wirkte wie ein einigermaßen seriöser Typ. Merrill hatte das teilmöblierte Einzimmerapartment vier Monate zuvor bezogen, im Juni 1994. Er zahlte seine Miete von 490 Dollar und die Kaution in bar. Drews wußte, daß er eine Stelle am Virginia-Mason-Krankenhaus in Downtown Seattle hatte – manchmal sah er ihn morgens in Richtung Bushaltestelle zur Arbeit gehen, immer mit dem Handy am Ohr. «Es war, als ob es ihm angewachsen war», erinnert sich Drews. Aber Mobiltelefone sind unter den Studenten im U-Distrikt nicht ganz ungewöhnlich – Drews dachte sich nichts dabei.

Außerdem stellte er fest, daß Merrill eine Nachteule war. Da Drews' Apartment direkt über dem von Merrill lag, konnte er manchmal die kreischenden Modemtöne hören, wenn sich Merrill spätnachts irgendwo einloggte. Zu anderen Zeiten drehte er Aerosmith oder die Red Hot Chili Peppers auf volle Lautstärke. Einmal mußte Drews morgens um drei zu ihm nach unten gehen und ihm sagen, daß er bei der Musik nicht einschlafen könnte. Merrill entschuldigte sich und stellte die Musik sofort leiser.

Es war ungefähr 23.30 Uhr, als Drews die Tür repariert hatte. Die Bullen waren gerade dabei, Schluß zu machen. Drews ging zurück in sein Apartment und legte sich ins Bett. Als er gerade einschlafen wollte, hörte er einen der Polizeiwagen davonfahren.

Zwei Minuten später klopfte es an seiner Tür. Wahrscheinlich ein Cop, dachte sich Drews.

Es war Merrill. Er sah durcheinander aus. Drews zog später den Schluß, daß er gerade vom Fitnesscenter kam, als er die ganzen Polizeifahrzeuge vor seiner Wohnung geparkt sah. Er hatte gewartet, bis sie alle weg waren, und war dann über den Hintereingang in den Gebäudekomplex geschlüpft.

«Tut mir leid, Sie zu belästigen», sagte Merrill höflich. «Haben Sie jemanden in meine Wohnung gelassen?»

«Nein, die haben die Tür eingetreten», teilte ihm Drews mit.
«Wer ist ‹die›?»
«Die Polizei von Seattle und der Secret Service.»
«Oh, Scheiße», erwiderte Merrill und verschwand in der Nacht.
Drews sah ihn niemals wieder.

11

Am nächsten Morgen bekam Kevin Pazaski einen Anruf. Der Anrufer stellte sich als ein Beamter der Polizei von Seattle vor. Er erklärte ihm, daß er die Nacht zuvor bei der Razzia in Merrills Apartment dabei war, und sagte, daß es sehr wichtig sei, herauszufinden, ob irgendwelche Fotos oder Videoaufnahmen von Merrill existierten.

«Wer, sagten Sie, sind Sie?»

Der Anrufer wiederholte seinen Namen.

Pazaski war mißtrauisch. «Wie, sagten Sie, sehen Sie aus?»

Er beschrieb sich Pazaski als eins zweiundachtzig groß, mit Schnurrbart und dunklen Haaren. Eine ziemlich allgemeine Beschreibung.

«Okay», meinte Pazaski.

«Ich müßte wirklich wissen, ob Sie irgendwelche Fotos oder Videobänder von dem Verdächtigen haben», drängte der Anrufer. «Das ist eine wichtige Information. Es ist wirklich ein kritischer Punkt in unserem Fall.»

«Nun, wenn Sie letzte Nacht da waren, sollten Sie doch genau wissen, was wir gefunden haben», sagte Pazaski. Plötzlich kam ihm der Anruf verdächtig vor. «Haben Sie eine Nummer, unter der ich Sie zurückrufen kann?»

«Sicher», antwortete der Anrufer und gab sie ihm.

«Ich werde das mal für Sie checken.»

«Ich brauche diese Information wirklich dringend.»

«Nun, vielleicht sollten Sie mal Ivan Orton anrufen. Er ist der Verantwortliche in diesem Fall», gab ihm Pazaski zu verstehen.

Sobald er aufgehängt hatte, wählte Pazaski die Rückrufnummer. Er hatte die Seattle Police in der Leitung, aber einen Beamten mit dem Namen, den ihm der Anrufer gegeben hatte, kannte keiner. Pazaski hängte auf. Ihm war übel.

Eine kurze Zeit später kam es ihm: Merrill. Das war er.

Am selben Freitag morgen ging der Staatsanwalt von King's County, Ivan Orton, die Kisten mit den Sachen durch, die in Merrills Apartment konfisziert worden waren. Er untersuchte den Computer, das halbe Dutzend Mobiltelefone, den EPROM-Brenner. Er stellte sich vor, daß es hier um ein kleines Mobiltelefon-Unternehmen ging, um einige College-Kids, die Spaß daran hatten, kostenlos zu telefonieren.

Am folgenden Montag bekam Orton jedoch einen Anruf von Ken McGuire, einem FBI-Agenten in Los Angeles. Er erzählte Orton, daß das FBI den Tip erhalten hätte, Kevin Mitnick würde sich darüber beschweren, daß sein Apartment in Seattle geplündert worden war. Ob Orton denn von irgendeinem Durchsuchungsbefehl wisse, der gegen irgend jemand vollstreckt wurde, auf den Mitnicks Beschreibung passe?

Orton mußte nicht allzu angestrengt nachdenken. «Ja, Tatsache. Wir haben hier was Interessantes», sagte er. Er berichtete McGuire über die kürzliche Razzia und versprach, das konfiszierte Material zu sichten, um zu sehen, ob er etwas fände, was Brian Merrill mit Kevin Mitnick in Beziehung bringen könnte. 1992 hatte Orton eine Konferenz von Polizei- und Geheimdienstkräften in Colorado Springs besucht und dort eine Rede von Katie Hafner über Hacker gehört, und Orton erinnerte sich wieder, wie sie über Kevin gesprochen hatte. Er war fasziniert gewesen.

In dieser Nacht versuchte Orton, die Software auf dem konfiszierten Laptop zu untersuchen. Die Dateien waren nicht lesbar – sie waren alle paßwortgeschützt –, aber es war ihm möglich, die Dateien auf den Backup-Disketten zu öffnen. Einige der Dateien waren verschlüsselt, aber Orton gelang es doch, einige Dokumente zu untersuchen. Er überprüfte eine Reihe von E-Mail-Dateien – viele davon waren gerichtet an (oder kamen von, Orton war sich da nicht sicher) Neill Clift in England. Der Name sagte ihm nichts. Eine Datei namens «KDM.WAVE» war eine Audioaufzeichnung, die den AT&T-Werbejingle «Thank you for using AT&T» nachmachte, aber daraus wurde «Thank you for using Kevin Mitnick». Als er noch eine Datei öffnete, blitzte eine Schrift auf dem Bildschirm auf: «Diese Software ist registriert auf Kevin Mitnick.» Alles in der Tat sehr interessant. Orton verbrachte fast drei Stunden damit, in den Dateien auf dem Laptop zu schmökern.

Wie die Cops, die das Apartment durchsucht hatten, war auch Orton über das Fehlen jeglicher persönlicher Einzelheiten überrascht. Keine Korrespondenz mit Freunden, kaum Anzeichen von irgendeinem Leben außerhalb der technischen Manuale und der Computerprogramme.

Ortons bemerkenswertester Fund jedoch war eine ASCII-Datei (eine einfache, leicht lesbare Computerdatei, die lediglich Buchstaben enthält, aber keinerlei Grafik), die ziemlich groß war – fast ein Megabyte. Er öffnete sie und fand zu seinem Erstaunen eine Liste mit Tausenden von Namen. Neben jedem Namen stand eine lange Nummer, die Orton als Kreditkartennummer identifizierte, sowie ein Ablaufdatum und eine Belastung von 25,70 Dollar. Was Orton zu der Zeit noch nicht wußte: es war die Kundenliste von Netcom, einem der größten und schnellstwachsenden Internet-Provider des Landes. Und wie hätte er wissen sollen, daß diese Liste bereits seit Monaten im Computer-Underground kursierte und daß Dutzende von Hackern Kopien derselben Datei besaßen?

Zu seiner Entlastung muß gesagt werden, daß Orton nicht sofort irgendwelche voreiligen Schlüsse zog. Er nahm nicht an, daß Kevin – oder «Brian Merrill» – in einen Kreditkartenbetrug verwickelt war. Eigentlich überraschte es Orton, wie wenig Ärger dieser Typ veranstaltete, wenn er wirklich der berüchtigte Kevin Mitnick, ‹the Überhacker›, der Dämon in der Cyberfinsternis war. «Wenn man weiß, wieviel Wissen und Fähigkeiten er hatte», sagte Orton später, «hat er in Wirklichkeit ziemlich wenig angestellt.»

Nichtsdestotrotz machte Orton seinen Job. Am nächsten Morgen rief er Special Agent McGuire an und berichtete ihm: «Ich denke, wir haben hier etwas gefunden, das Sie sehr interessieren wird.»

Für Pazaski war die Sache noch nicht ausgestanden. In den folgenden Wochen bekam er zu Hause seltsame Anrufe. So läutete das Telefon mitten in der Nacht – aber wenn er abnahm, war keiner dran. Seine Frau fing an, sich Sorgen zu machen. Was war das für ein Typ? Was machte er? Als er die Nachricht erhielt, daß Brian Merrill wahrscheinlich ein Deckname für Kevin Mitnick war, ließ Pazaski seine Konten sperren. Er wußte nicht, ob Mitnick sich tatsächlich Zugang dazu verschaffen könnte, aber er wollte es auch nicht darauf ankommen lassen. Auf einmal erschien ihm die Telefonleitung zu Hause wie eine Nabelschnur in die Dunkelheit. Wer wußte, welche Geister sie hervorrief?

Und Pazaski war nicht allein mit seinen Befürchtungen. Auch der Kripomann Lewitt war auf die Möglichkeit der Fälschungen seiner finanziellen Aufzeichnungen hingewiesen worden. Kurz darauf rief ihn seine Bank an. Sie hatten noch keine Hypothekenrate von ihm bekommen. Lewitt war sicher, daß er sie Wochen zuvor abgeschickt hatte.

Er dachte: «O Gott. Die Rache des Hackers.»

Es stellte sich heraus, daß der Scheck in der Post verlorengegangen war.

12

Lile Elam ist kein typischer Wirehead. Sie hat ziemlich wirre kastanienbraune Haare, trägt eine grelle rot eingefaßte Brille und ist ungezwungen gestylt. Anders als viele Veteranen des Netzes ist sie tolerant – ja auch großzügig – mit Leuten, die gerade ihre ersten Gehversuche im Cyberspace machen. Und was am ungewöhnlichsten ist, sie ist eine Künstlerin. Sie malt große, extravagante Abstraktionen (im

Moment meistens mit Wasserfarben), die an Wind und Himmel sowie turbulente Bewußtseinszustände denken lassen, Produkte eines Lebens, das sich am Schnittpunkt zwischen Kunst und Technologie harmonisch ins Gleichgewicht gebracht hat.

Jahrelang war ihr Lebensweg unklar gewesen. Seit ihrem sechsten Lebensjahr wollte Elam Malerin werden. Aber sie wollte auch ihre Miete bezahlen können. Deshalb besuchte sie nach der High-School das State Technical Institute in Knoxville, Tennessee, wo sie für zwei Jahre Informatik studierte. Dann ging sie ins Zentrum der Action, Silicon Valley, und arbeitete schließlich als Unix-Systemadministrator bei Sun Microsystems, einem Hersteller von High-End-Computer-Workstations. Nebenbei aber malte sie. Sie mochte es nicht, daß diese beiden Leben so unterschiedlich waren. Sie fühlte sich schizophren.

Im April 1994 stellte sie einige neue Ölgemälde in ihrem Studio aus, einer aufgelösten Polizeistation in Redwood City. Freunde kamen, um ihre Arbeiten zu bewundern. Einer von ihnen war Tsutomus Freund und Maestro des Handys, Mark Lottor. Lottor war von einem Gemälde besonders angetan – einem großen, launischen Aquarell mit großen Wolken von Gelb und Weiß, die in dunklere Farben hinunterliefen. Elam erschien das Internet schon länger als ein perfektes Medium für Künstler. Es ist visuell, kann mit vielen Leuten kommunizieren, es könnte die isolierenden Mauern der Kunstszene abbauen, die Malerei nur für Großstadtbewohner zugänglich macht. Wäre das nicht toll, spekulierte Elam, wenn jemand eine Kunstgalerie aufbauen und sie auf das Netz stellen würde? Künstler könnten ihre Bilder «aufhängen», und Menschen aus aller Welt könnten, nur durch den Klick ihrer Computermaus, zu Besuch kommen. Zur Hölle mit digitalem Kommerz und Online-Shopping und News-on-Demand. Dies war es, wofür das Internet eigentlich gut war.

Lottor bot Elam schließlich einen Deal an: Im Tausch für ihr Gemälde verschaffe er ihr für ein Jahr einen Internet-Zugang auf den Rechnern von Network Wizards. Damit könnte sie sich ihre eigene Web-Seite bauen, ihre eigene virtuelle Kunstgalerie.

Elam stimmte eifrig zu und machte sich an die Arbeit, eine Site zu bauen. Und einen Namen hatte sie auch schon: *Art on the Net*.

Im Oktober war *Art on the Net* bereits ein Erfolg, eines jener Graswurzelprojekte, die den unternehmungsfreudigen Geist der Computerkultur charakterisieren. Gut 65 Digital-Künstler aus der ganzen Welt hatten sich ihren eigenen Ausstellungsort auf *Art on the Net* aufgebaut – Musiker, Maler, Bildhauer, Künstler und Computeranimatoren. Es wurde zum Soho des Cyberspace, einem Ort, wo Künstler ihre Arbeiten zeigen oder einfach nur rumhängen konnten.

Es kostete jedoch enorme Zeit und Mühe, die Site reibungslos am Laufen zu halten. Obwohl es eigentlich kooperativ laufen und jeder Künstler seinen eigenen Raum pflegen sollte, hatte Elam am meisten Arbeit. Verzweifelt versuchte sie, ihre Zeit so einzurichten, daß sie *Art on the Net* machen konnte, ohne ihren Tagesjob bei Sun Microsystems aufgeben zu müssen. Es war nicht ungewöhnlich für sie, bis etwa ein oder zwei Uhr morgens in den Büros von Network Wizards in Palo Alto zu arbeiten, wo sich der Rechner befindet, auf dem *Art on the Net* physikalisch zu Hause ist.

Eines Nachts, im späten Oktober, arbeitete sie etwa um zwei Uhr nachts mit einigen Kollegen – sie waren am Up- und Downloaden von Bilddateien –, als sie bemerkte, daß sich ein Künstler von Netcom aus in *Art on the Net* eingeloggt hatte. Normalerweise wäre das kein Thema – viele Künstler kamen von anderen Sites aus zu *Art on the Net*. Aber Elam wußte, daß dieser spezielle Account eines Künstlers bisher noch nie mit dem Internet verbunden war – wie kam es also, daß er sich von Netcom aus eingewählt hatte? Elam dachte einen Moment darüber nach und war perplex. Das war schon irre…

Dann kam es ihr: Vielleicht war es gar nicht der Künstler, der diesen Account benutzte. Vielleicht war es jemand anderes. Schnell wählte sich Elam bei Netcom ein und sah sich um. Sie

137

konnte anhand der Session-Logs sagen, welcher Account dazu benutzt wurde, sich in *Art on the Net* Zugang zu verschaffen – es stellte sich heraus, daß es jemand mit dem Namen «gkremen» war. Sie überprüfte den «gkremen»-Account und erkannte, daß attackiert worden war. Während sie sich die für alle einsehbaren Details des Accounts ansah, änderten sich auf einmal die Benutzerberechtigungen, so daß die genauen Account-Informationen plötzlich nur noch vom Inhaber des Accounts eingesehen werden konnten. Ein unheimlicher Moment: Der Eindringling wußte also, daß Elam ihm auf die Spur gekommen war.

Augenblicklich loggte sie sich aus Netcom aus. Sie saß im Dunkeln, es war zwei Uhr nachts, und sie wußte nicht, was sie machen sollte. Ihre Handflächen wurden feucht. Wer war diese Person? Wieso brach er in *Art on the Net* ein?

Einen Augenblick später erhielt sie eine Nachricht auf ihrem Computermonitor. Jemand wollte mit ihr sprechen.

Es war er. Oder sie. Der Eindringling.

Elam zögerte. Konnte er ihr weh tun? Aber er war wahrscheinlich viele Kilometer entfernt, lediglich ein Geist im Rechner. Warum also nicht versuchen herauszukriegen, was er eigentlich wollte? Er schickte ihr eine Nachricht. Sie lautete: «Ich wette, du findest es ziemlich Scheiße, daß ich in dein System eingedrungen bin und du nicht mal weißt, wer ich bin.»

«Nein, ich bin gar nicht sauer», schrieb sie ihm zurück. Zunächst schien ihr sein Ton aggressiv. Sie wollte die Konversation in die Länge ziehen, um herauszufinden, was er vorhatte. Die Idee, daß die Person am anderen Ende ihres Rechners Kevin Mitnick sein könnte, kam ihr überhaupt nicht in den Sinn. Von Lottor und Tsutomu wußte sie eine Menge über ihn, aber da draußen gab es Hunderte von Hackern. Warum sollte Mitnick an *Art on the Net* interessiert sein?

Nach einigen Minuten des Plauderns begann der Eindringling aufzutauen. Sie war kürzlich in England gewesen, also sprachen sie über das Wetter in Europa. Aus irgendeinem Grunde schien ihn das zu interessieren – sie dachte, daß er sich vielleicht eine

Reise dahin überlegte. Während sie so sprachen, fiel Elam zu ihrem Erstaunen auf, daß er überhaupt keine Ahnung hatte, was das Web war.

Ungläubig fragte Elam: «Du hast wirklich niemals vom Web gehört?»

Nö, er hatte noch nie davon gehört. Tatsächlich dachte er, daß dies eine Falle war. Er dachte, daß sie ihn in irgendeine verbotene Zone locken wollte, die er nie mehr verlassen könnte. Wie konnte nur irgendein Hackerexperte, der es schaffte, in ihr System einzudringen, noch niemals was vom World Wide Web gehört haben? Jede Zeitung in Amerika schrieb in den letzten Monaten darüber. Die Hälfte aller Teenager in Amerika hatte ihre eigenen Web-Seiten. Vielleicht war das nur ein Scherz, und Elam merkte es nicht. Aber vielleicht auch nicht. Vielleicht lebte dieser Eindringling abgeschlossen und isoliert in einer kleinen Ecke der elektronischen Welt, ohne Notiz von den Veränderungen zu nehmen, die um ihn herum vorgingen – ein Hacker aus einer fast untergegangenen Generation. Unterm Strich sprachen Elam und der mysteriöse Hacker fast eine Stunde miteinander. Am Ende der Konversation angelangt, hatte er Elam die Befangenheit genommen. Sie glaubte nicht, daß er darauf aus war, Ärger zu machen. Er hatte nicht mal beabsichtigt, sie zu erschrecken. «Ich glaube, er war nur neugierig», sagt Elam. «Er wollte nur mal auf meine Site kommen, sich umsehen und gucken, was so los ist.»

Einige Tage später war eine Nachricht auf Lottors Anrufbeantworter, die sich auf den Hack in *Art on the Net* bezog. Lottor und seine Freunde hatten keine Mühe, die Stimme zu identifizieren: Kevin.

13

Kurz nach dem Vorfall auf Elams Computer erhielt Deputy Cunningham einen ungewöhnlichen Telefonanruf. Der Anrufer stellte sich als Tom Perrine, Manager des Workstation-Service am San Diego Supercomputer Center, vor. «John Markoff von der *New York Times* gab mir Ihre Nummer», erklärte er Cunningham, die keine Ahnung hatte, wer Perrine war. «Ich habe eine Idee, wie man Kevin fangen könnte, und ich denke, wir sollten mal darüber reden.» Normalerweise war Cunningham hochgradig skeptisch bei Anrufen, die so aus heiterem Himmel kamen. Aber bei diesem Anruf war das anders. Obwohl sie nicht viel über Computer wußte, wußte sie doch so viel, daß einige ziemlich schlaue Leute am SDSC arbeiten. Anfang September war sie von Markoff angerufen worden, der ihr empfahl, Tsutomu Shimomura mit ins Boot zu nehmen auf der Suche nach Kevin. Er sei ein Experte im Aufspüren von Computerkriminellen, erklärte er. Markoff gab ihr Tsutomus Nummer am San Diego Supercomputer Center. Cunningham, die damals mit ernsthaft gefährlichen Kriminellen beschäftigt war, rief ihn niemals an.

Nun, hier waren sie wieder, Markoff und das SDSC. Was war Sache mit diesen Typen? Cunningham wußte es nicht, aber sie war bereit, ihm zuzuhören.

Also breitete Perrine seine Idee aus: Seiner Meinung nach versuchte Mitnick, sich illegalen Zugang zu den Computern des San Diego Supercomputer Centers zu verschaffen, und da seien einige Leute, die helfen würden, ihn festzunageln. Sie waren bereit, ihre Zeit und ihre Kenntnisse einzubringen, und sie waren zuversichtlich, daß es ihnen nach kurzer Zeit gelingen würde, ihn aufzuspüren.

Cunningham war neugierig. Aber sie war auch vorsichtig. War die Person, mit der sie sprach, auch wirklich Tom Perrine? Sie hatte lange genug mit Kevin und seinen Kumpeln zu tun gehabt, um zu wissen, daß jeder von denen sicherlich in der Lage wäre, sie auf den Arm zu nehmen.

«Okay, lassen Sie uns Zeit und Ort ausmachen, dann kommen wir zusammen und reden darüber», erwiderte Cunningham.

Der Anrufer stimmte zu und sagte, er würde sich wieder melden.

Sie hörte nie mehr von ihm.

Perrine war tatsächlich der Anrufer gewesen. Nachdem Tsutomu von dem Hack ins *Art on the Net* gehört hatte, war seine Geduld am Ende. Erst einige Wochen zuvor hatte Kevin versucht, in Lottors Rechner einzudringen – Lottor wußte, daß es Kevin war, denn Kevin hatte ihn angerufen und es mit typischer Dreistigkeit unumwunden angekündigt. Tsutomu fand, daß Kevin die Grenze überschritten hatte. Das wurde zu persönlich. Er mußte gestoppt werden. Die Frage war nur, wie.

Viel Hilfe hatte er nicht zu erwarten. Nach ihrer Begegnung mit dem mysteriösen Fremden auf *Art on the Net* rief Elam bei Netcom an, um ihnen mitzuteilen, daß jemand unautorisiert Zugang zu ihrem System hatte. Sie erzählten ihr, daß sie zu beschäftigt seien, um sich darüber Gedanken zu machen – eine Attitüde, die Elam ziemlich beschissen fand. Und die Bullen würden Kevin sicherlich auch nicht einkreisen – die stellten ihm schon seit Jahren nach, und nichts war bisher dabei rausgekommen. Es war an der Zeit, etwas anderes zu versuchen.

Dann kamen die Jungs vom Supercomputer Center mit einem Plan. Ihre Operation sollte gewissermaßen Vorschub leisten und war an den SDINET-Trick angelehnt, den Clifford Stoll in *Kuckucksei* anwendet. Stoll hatte gefährliche Regierungsdokumente angefertigt, die sich auf ein Geheimprojekt namens SDINET bezogen, das von Stoll frei erfunden war. Er benutzte diese Dokumente dann als Köder für den Hacker, hinterließ sie an verschiedenen Orten seines Rechners, in der Hoffnung, daß der Eindringling über ein paar von ihnen stolpern würde. Stoll hoffte, daß dies sein Interesse anstacheln und er anfangen würde, nach mehr herumzustöbern. Je mehr Zeit er damit verbringen würde, in Stolls Rechner herumzuwandern, desto größer wäre die Chance, ihn aufzuspüren. Der Plan funktionierte und ermöglichte es Stoll, ein Überwachungssystem aufzubauen, das die Anrufe des Hackers bis nach Deutschland zurückverfolgte. Dort konnte er schließlich festgenommen werden.

Eine ähnliche List, so schien es, könnte vielleicht auch Kevin dingfest machen. Das Team am Supercomputer Center wußte, daß Kevin sehr am Quellcode für die OKI-Mobiltelefone interessiert war. Warum nicht irgendwo am Netz eine Info hinterlassen, unter einem fiktiven Namen natürlich, daß sie eine Kopie dieser überaus begehrten Software geklaut hatten? Wenn sie es richtig anstellten, wenn sie absolut cool vorgingen, könnten sie Kevin vielleicht aus seinem Versteck hervorlocken. Wenn sie erst einmal Kontakt mit ihm hätten, so war ihre Überlegung, würde es vielleicht sechs Monate umsichtiger Kommunikation benötigen, um sein Vertrauen zu gewinnen. Dann könnte man ein persönliches Treffen arrangieren – und, Bingo, die Falle zuschnappen lassen.

So kam es, daß Perrine bei Cunningham anrief, um sie für die Idee zu erwärmen. Je mehr Tsutomu und Perrine aber darüber nachdachten, desto weniger attraktiv schien ihnen der Plan. Es würde einen beträchtlichen Zeitaufwand und eine Menge behutsamer Winkelzüge erfordern. Dann waren da alle möglichen rechtlichen Fragen – wie etwa Aufforderung zu einer Straftat –, über die man sich den Kopf zerbrechen mußte. Und Kevin fiel vielleicht nicht darauf herein. Oder man schreckte ihn in letzter Minute doch noch.

Außerdem konnte man Kevin im Gegensatz zu Markus Hess, dem Hacker in *Kuckucksei*, schwer die Rolle einer nationalen Bedrohung zuschreiben. Er pfuschte mit Mobiltelefonen herum, nicht mit militärischen Geheimnissen. Sicher waren das Verbrechen, aber war es deswegen gerechtfertigt, Monate um Monate damit zu verbringen, ihn ausfindig zu machen? Zumindest einer von Tsutomus engen Freunden glaubte, daß es dies nicht war: «Kevin war ein nerviges Arschloch, er mußte gestoppt werden, aber ich glaube nicht, daß er ins Gefängnis gehört. Er ist eine ungeheuer kreative Person. Ich glaube, daß er auf seine Art so etwas wie ein Künstler ist.»

Tsutomu und Perrine gaben schlußendlich den Plan auf. Es mußte einen besseren Weg geben.

Ein paar Wochen nach Perrines Anruf bei Cunningham machte Andrew Burt eine amüsante Entdeckung. Er loggte sich in Nyx ein und sah, daß Kevin ihm ein Geschenk hinterlassen hatte – ein seltsames kleines Stück Knittelvers, anscheinend inspiriert durch Burts vorangegangene Mitteilung über Spinnen. Das Gedicht war voll von Kevins charakteristischem Online-Schneid. Er liebte diese Spiele, bei denen er den anderen immer eine Nasenlänge voraus war, noch dazu mit Systemadministratoren wie Burt (in dem Gedicht redet er ihn unter seinem Login-Namen «aburt» an). Es war eine Persiflage auf den *Spiderman*-Titelsong in der populären Zeichentrickserie der 70er Jahre:

Spiderman, Spiderman,
does whatever a hacker can.
Plants a bug, any size,
Catches passwords just like flies.
Hey there, there goes the Spiderman.

Is he strong? Listen, bud,
he can cause an IRC flood.
Can aburt lock him out?
No, aburt doesn't have the clout.
Hey there, there goes the Spiderman.

In the chill of night,
at the scene of the crime,
like a streak of light,
he cloaks himself just in time.

Spiderman, Spiderman,
friendly neighborhood Spiderman.
Welcome, then he's ignored,
fucking over aburt is his reward.
To him, life is a great big bash,
especially during the nyx crash,
you won't catch the Spiderman!

Spiderman, Spiderman
Hacking nyx like only a spider can
Spreads a web, any size
snatches passwords just like flies!
He's Spiderman!!

Spiderman, Spiderman
Fucking with aburt's plan
Bugging telnet and ftp
Lamer aburt will never catch me!
I'm Spiderman!!

Bei dem Gedicht mußte Burt leise in sich hineinkichern. Doch so witzig es war, es hatte auch etwas Perverses an sich. Je mehr Kevin gejagt wurde, desto unbesiegbarer fühlte er sich. Das alberne Gedicht hatte den scharfen Beigeschmack von Adrenalin. Kevin war auf der Flucht. Er war ein gesuchter Verbrecher.

Auftritt des Samurai

1 Ein Dieb, der beabsichtigt, ein Haus auszurauben, würde es wahrscheinlich dann tun, wenn die Bewohner nicht zu Hause sind. Jemand, der in einen Computer einbrechen will, würde wohl ähnlich verfahren. An einem Feiertag wie Weihnachten etwa. Weihnachten ist die Datenautobahn nur schwach beleuchtet, und selbst die hingebungsvollsten Computerkünstler sitzen ziemlich weit vom Bildschirm entfernt. Es ist der Tag der Familie, mit Eierlikör und Santa Claus.

Tsutomu Shimomura ist nicht besonders scharf auf Eierlikör und Santa Claus, aber an diesem Weihnachten hatte ein Eindringling trotzdem Glück. Tsutomu verbrachte den Tag in der Bay Area mit Julia Menapace, einer Frau, die er zu der Zeit öfter traf. Menapace ist eine blasse, durchschnittlich aussehende Brünette, die als Programmiererin bei Apple arbeitet und sich selbst für ziemlich brillant hält. Aber an diesem Tag fühlte sie sich nicht besonders wohl. Tsutomu verbrachte also die meiste Zeit des Tages damit, an seinem neuen Computer zu spielen. Er sammelt Computer wie Imelda Marcos Schuhe sammelt – in seinem Besitz befinden sich mindestens 30 Stück, jeder in unterschiedlich marodem Zustand. Sein Lieblings-Reisebegleiter ist ein 85-MHz-SPARC-Portable mit 2,4 Gigabyte Plattenspeicher. Er ist die 44er Magnum unter den Portables, wahnwitzig stark, ein richtig schweres Kaliber.

Währenddessen feierte Andrew Gross, sein Vertreter am San Diego Supercomputer Center, Weihnachten mit seiner Familie in Tennessee. Irgendwann schaute Gross zufällig mal in seine E-Mail, wo die Log-Files, die die Aktivitäten in Tsutomus Computer aufzeichneten, routinemäßig hingesandt wurden. Statt länger zu werden, wie sie es sollten, wurden die Files immer kürzer. Das durfte nicht sein. Gross alarmierte sofort Tsutomu auf dessen Handy. Sie wußten beide genau, was das bedeutete: jemand tummelte sich in Tsutomus Computer.

Tsutomu ist ständig unterwegs. Selbst seine engsten Freunde fragen sich, ob er eigentlich ein eigenes Auto besitzt oder einfach nur überall da eins leiht, wo er gerade ist. Er scheint dauernd durch das Land zu fliegen, von einer Konferenz zur nächsten, mal kurz in Silicon Valley zwischenzulanden und dann wieder zum Strand von Lake Tahoe zu jetten. Er hat auch überhaupt keine Ahnung von Pop-Kultur – einmal kam er zu einer Freundin, die gerade die Wiederholungen von *I love Lucy* im Fernsehen guckte, er schaute auf Lucille Ball und fragte: «Wer is'n das?» Ins Büro des San Diego Supercomputer Center kommt er selten. Er unterbricht Sitzungen, er läßt Leute warten, er verachtet kleinere Geister. Wenn er arbeitet, igelt er sich für Tage oder Wochen ein, ißt kaum und wäscht sich selten. Wenn die Arbeit getan ist, verschwindet er wieder.

Tsutomu und Kevin haben überraschend viele Eigenschaften gemeinsam: beide kommunizieren lieber mit Rechnern als mit Menschen. Beide waren ziemlich schlecht in der High-School. Beide sind hochintelligent und haben Riesen-Egos. Beide können sehr obsessiv sein. Beide mißtrauen Autoritäten. Und beide kultivieren bewußt den Mythos um ihre eigene Person.

Das ist insofern überraschend, als ihre Herkunft unterschiedlicher nicht sein könnte. Als ich mit den Recherchen zu diesem Buch begann, telefonierte ich mit seinem Vater Osamu Shimomura, einem weltweit bekannten Biochemiker, der in Woods Hole, Massachusetts, lebt und arbeitet. Osamu erlaubte mir, ihn im Marine Biological Laboratory zu besuchen, wo er seit 1984 eine Professur innehat. Osamu ist ein großer, schlanker, freundlicher, zerbrechlich wirkender Mann, der immer noch gebrochen Englisch spricht, obwohl er seit 35 Jahren in den USA lebt. In seinem Labor voller Teströhrchen und Glasfläschchen hingen Poster mit Quallen an der Wand, und auf dem kleinen, von Papieren übersäten Schreibtisch stand ein Laptop. Osamus Lebenswerk ist eine Studie über das seltene Phänomen der Biolumineszenz bei Wassertieren wie Quallen, Krabben und anderen Krustentieren. Osamu stellte mich Akemi, Tsutomus Mutter vor, die als Osamus Assistentin arbeitet. Sie ist eine kleine, fröhliche Frau, die sich in ihrem weißen Kittel absolut wohl zu fühlen scheint. Osamu demonstrierte mir die Biolumineszenz. Von einem Regal holte er ein Marmeladenglas, auf dem «1944» stand. Es enthielt, wie er sagte, kleine, getrocknete Krustentiere namens Cypridina, die während des Krieges in Japan aufgesammelt worden waren. Er öffnete das Glas und schüttete ein paar in seine Hand – sie waren winzig, von der Größe eines Pfefferkorns etwa. «Jetzt gucken Sie sich das hier an», sagte er. Er ging hinüber zum Waschbecken, machte den Wasserhahn auf und hielt seine geschlossene Hand darunter, durch die hindurch die Krabben leicht befeuchtet wurden. Dann öffnete er seine Hand und vermischte die krabbenähnlichen Winzdinger miteinander – plötzlich leuchtete seine Handinnenfläche. Es war, als ob er eine Handvoll schwarzen Lichts trug. «Japanische Soldaten sollten das in den Dschungeln von Iwo Jima benutzen», erklärte Shimomura. «Es sollte auf ihren Rücken verteilt und mit Spucke verschmiert werden, so daß sie einander ohne Lampen in der Nacht hätten folgen können. Bevor sie's ausprobieren konnten, endete der Krieg.»

Tsutomus Eltern sprachen mit einer Mischung aus Zuneigung und Bestürzung über ihren Sohn. Das letzte Mal hatten sie ihn vor drei Jahren gesehen, als die Großmutter krank war. «Ich mußte ihn auf Knien anflehen, sie in Japan zu besuchen», sagte Osamu. Auch seiner vier Jahre jüngeren Schwester Sachi stand Tsutomu nicht näher. Sie hatte seit fünf Jahren keinen Kontakt mehr zu ihm gehabt.

Das letzte Mal, daß Osamu mit seinem Sohn geredet hatte, war im Januar 1995, ein paar Wochen nach dem Computereinbruch. Es war wie üblich ein kurzes Gespräch. Das nächste, was er von seinem Sohn hörte, erfuhr er aus einem Artikel in der *New York Times*. Verständlicherweise war er darüber ziemlich stolz. Während wir über Tsutomus Background sprachen, erwähnte ich zufällig das Los Alamos National Laboratory, wo Tsutomu als theoretischer Physiker gearbeitet hatte, und Osamu bemerkte, er sei in der Nähe von Nagasaki gewesen, als die Bombe fiel.

«Wie nah?»

«Etwa zehn Kilometer entfernt.»

Ich fragte ihn, an was er sich erinnere, und er sagte, daß es ihm sehr schwer falle, über dieses Thema zu sprechen. «Ich habe versucht zu vergessen», sagte Osamu. Nur neulich, ausgelöst vielleicht durch die vielen Feiern zum fünfzigsten Jahrestag, da habe er doch wieder daran denken müssen.

Am 9. August 1945 war Osamu sechzehn Jahre alt. Er arbeitete in einer Fabrik, die japanische Kampfflugzeuge baute, in Isahaya, einem kleinen Ort in den Bergen, zehn Kilometer von Nagasaki entfernt. Um elf Uhr kündigten die Sirenen die amerikanischen Bomber an. Osamu ging nach draußen und sah ganz weit oben einen Bomber den sehr blauen Himmel von Norden nach Süden durchfliegen. Er beobachtete, wie das Flugzeug drei kleine Fallschirme herabfallen ließ, er sah gar keine Menschen an den Fallschirmen und war verwirrt. (Tatsächlich waren es Navigationsinstrumente für die Bombe.) Ein paar Minuten später flog der nächste Bomber über ihm vorbei, und dann kündigten die Sirenen auch schon das Ende des Luftangriffs an.

Als er wieder in die Fabrik hineingehen wollte, wurde er von einem riesigen Blitzlicht geblendet. Es war so hell, daß seine Augen zeitweilig erblindeten. Weniger als eine Minute später gab es eine solch erschütternde Explosion, daß die Druckwelle seine Ohren verletzte. Der Himmel verfärbte sich grau, und es fing an zu regnen. Osamu stolperte durch die radioaktive Wolke nach Hause.

Tsutomus Mutter Akemi war an diesem Tag ebenfalls in der Nähe von Nagasaki. Sie war neun Jahre alt. Wegen der ständigen Bombardements auf die Stadt hatten ihre Eltern sie zu Freunden aufs Land geschickt, wo sie seit einigen Monaten bei der Ernte half. Am 9. August war sie gerade unterwegs nach Nagasaki, um Verwandte zu besuchen. Als die Bombe detonierte, stand sie zwei Kilometer entfernt. Glücklicherweise lag ein großer Hügel zwischen ihr und dem Epizentrum, so daß sie nicht verbrannt wurde. Ihr Bruder hatte nicht so viel Glück. Er war am Morgen in die Stadt gefahren, und als die Bombe einschlug, befand er sich genau auf «ground zero».

2 Die Welt des Kindes Tsutomu war so vielfältig, wie Kevins Welt kahl war. Er wurde 1963 in Nagoya, Japan geboren. Im darauffolgenden Jahr zog die Familie nach Princeton, New Jersey, wo Osamu eine Professur bekommen hatte. Die Shimomuras waren nie besonders reich, aber in der Geborgenheit des akademischen Lebens fühlten sie sich recht wohl. Tsutomu verbrachte seine Jugend einen Steinwurf von Princetons wunderschönen Steinbauten und schattigen Wegen entfernt, die von Eichen und Ulmen gesäumt waren. Es war die geistige Heimat der modernen Physik, wo Albert Einstein seine letzten Lebensjahre verbrachte und wo heute noch sein zweieinviertel Pfund schweres Gehirn aufbewahrt wird.

Auf eine Art war Tsutomu wie jedes andere Kind, das in den sechziger und siebziger Jahren aufwuchs. Mit zehn Jahren las er Tolkiens *Hobbit*-Bücher, es gab keinen Computer im Haus – PCs existierten bis Mitte der Siebziger überhaupt nicht –, aber Tsutomu beschäftigte sich auf seine eigene Weise selbst. «Je nachdem woran er gerade arbeitete, sah sein Zimmer wie ein Schlachtfeld oder ein Chemielabor aus», erinnert sich seine Schwester Sachi. Aber für einige der Nachbarskinder war er eine skurrile Figur. Als Sachi fünf Jahre alt war, wurde sie von einer ihrer Freundinnen gefragt: «Ist dein Bruder ein Genie?»

Die Sommer hatten bei den Shimomuras ihr ganz eigenes Ritual. Seit Tsutomu sieben oder acht Jahre alt war, packte Osamu die ganze Familie ins Auto (später flogen sie dann auch manchmal), und sie fuhren nach San Juan Island bei Seattle, wo Osamu über eine ganz spezielle Quallenart namens Aequeorea forschte. Sachi und Tsutomu verbrachten Stunden draußen auf den Docks mit ihren Netzen. An guten Tagen fingen sie damit über 2000 Quallen, die sie hinüber zum Labor brachten. Anfangs machte es noch Spaß, aber mit der Zeit wurde das Quallenfangen doch wohl etwas langweilig. Osamu zeigte mir ein Foto von Tsutomu mit dreizehn Jahren, auf dem er mit dem Netz in der Hand auf einem Pier steht und einen Gesichtsausdruck hat, dem zu entnehmen ist, daß er sich wahrlich etwas Besseres vorstellen konnte.

Die High-School nahm Tsutomu überhaupt nicht ernst. Bei Schularbeiten, die ihn nicht interessierten, war er ungeduldig. Gegenüber Lehrern, die er nicht für intelligent hielt, war er respektlos. Ob er von der Schule geflogen oder aus eigenem Willen gegangen war, ist unklar – «im Grunde war ich eine Persona non grata», sagte Tsutomu. Auf jeden Fall machte er keinen Abschluß.

Vielleicht lag es daran, daß er interessantere Sachen zu tun hatte. Mit fünfzehn Jahren hing er dauernd in der Abteilung für Astrophysik in Princeton herum. Er war dort so eine Art Wunderkind und arbeitete an äußerst komplizierten Projekten wie dem Satellitenbildverfahren. Zur großen Erleichterung seiner Eltern bewarb er sich mit achtzehn Jahren am California Institute of Technology – Caltech – und wurde aufgenommen. Dort begegnete er seinem Mentor, dem Physiker Richard Feynman.

Feynman war einer der schillerndsten Charaktere in der Geschichte der modernen Wissenschaft. Er wuchs in Far Rockaway, Queens, auf, bastelte an Radiogeräten herum, brillierte im Mathekurs der High-School, half dann beim Bau der Atombombe in Los Alamos und gewann einen Nobelpreis für, wie das Nobelpreiskomitee es ausdrückte, «seine wegweisende Arbeit in der Quantenelektrodynamik mit tiefgreifenden Konsequenzen für die Physik der Elementarteilchen». Zwischendurch trommelte er auf Bongos, verführte Ehefrauen von Kommilitonen und beeindruckte eine ganze Studentengeneration mit seinen brillanten, visionären und unterhaltsamen Vorlesungen.

Er war außerdem ein Proto-Hacker. Als er in Los Alamos an der Bombe arbeitete, entwickelte er eine Faszination für Schlösser. Er nahm sich das Schloß am Cola-Automaten vor, die Schlösser von Aktenschränken und an den Safes seiner Kollegen. Zahlenkombinationsschlösser waren ihm die liebsten – um sie zu knacken, setzte er eine Mischung aus Psychologie (er wußte zum Beispiel, daß viele Leute die Kombinationen irgendwo auf dem Schreibtisch rumliegen ließen, so wie heute die Computer-Passwords) und mechanischer Begabung ein (er fand heraus, daß der Verschluß normalerweise so ungenau war, daß er alles mögliche zwischen 17 und 22 akzeptierte, wenn die erste Zahl einer Kombination die 19 war). Dies verringerte die Anzahl möglicher Kombinationen ungemein. Für Feynman war ein Schloß ein interessantes Problem, eine Art intellektuelle Herausforderung. Wie bei einem Hacker.

Als Tsutomu im September 1983 ans Caltech kam, war Feynman bereits am Ende seiner Karriere. Er kämpfte einen leidvollen Kampf gegen den Krebs, den er sechs Jahre später verlor. Aber Feynman nahm Tsutomu unter seine Fittiche und eröffnete ihm die wahnwitzigen Möglichkeiten der Kombination von Physik und Computern. In weniger als zwei Jahren, Tsutomu war gerade zwanzig Jahre alt, wurde ihm eine Position in Los Alamos angeboten, die einer Habilitationsstelle entsprach. Was für eine Ehre. Los Alamos war eines der Top-Computer- und Physiklaboratorien des Landes. Es war äußerst selten, daß sie jemandem eine solche Position anboten, der so jung war und weder High-School- noch Collegeabschluß hatte. Außerdem war es ein bißchen bizarr, daß ihm ausgerechnet jenes Labor einen Job anbot, in dem die Bombe gebaut worden war, die seinen Onkel verbrannt hatte und ebensogut seine Eltern hätte töten können. Wenn ihn das irritiert haben sollte, so sprach er zumindest nicht darüber.

In Los Alamos arbeitete Tsutomu in der «T»(für Theorie)-Abteilung, zufälligerweise hatte Feynman einst in der gleichen Abteilung gearbeitet. Es war wahrscheinlich die renommierteste Abteilung des Labs. Tsutomus Hauptaufgabe bestand darin, ein komplexes hydrodynamisches Problem für eine Berechnung auf dem Computer umzusetzen. Es erfordert die seltene Fähigkeit, eine mentale Zeichnung von abstrakten Gleichungen anzufertigen und dieses Bild dann in eine Sprache zu übersetzen, die der Computer versteht. Diese Fähigkeit, Computer-Architekturen und Netzwerke im wahrsten Sinne des Wortes zu «visualisieren», ist das große Talent Tsutomus. «Tsutomu ist einer der wenigen Menschen, die den Cyberspace ‹sehen› können», sagt Larry Smarr, Direktor des National Center for Supercomputing Applications. «Sein Gehirn kann diese komplexen Datenströme visualisieren. Er kann sie in der Weise ‹sehen›, wie wir eine Gebirgskette sehen können.»

Los Alamos war für Tsutomu allerdings zu isoliert. Das Lab lag jotwede, die anderen waren alle älter als er und die Partys sterbenslangweilig. Er bevorzugte das Leben in San Diego, wo er 1988 während eines Forschungsjahres im San Diego Supercomputer Center gearbeitet und sich dann entschieden hatte, dort zu bleiben. Das San Diego Supercomputer Center ist eine der vier Computer-Denkschmieden, die von der National Science Foundation eingerichtet wurden. Es ist sowohl der University of California in San Diego angeschlossen wie zahlreichen privaten Unternehmen, von denen wiederum einige in die Verteidigungsindustrie involviert sind.

Tsutomu fand ein Haus nah am Strand, und wenn er nicht auf seinen Rollerblades unterwegs war, arbeitete er an verschiedenen Computersimulationsprojekten. Er hatte sowohl Verbindung zur National Security Agency wie zum Militär und half bei der Entwicklung von Software, die in Kriegszeiten in der Lage wäre, feindliche Computersysteme zu analysieren und in sie einzudringen. Eine Erfahrung, die sich als sehr nützlich erweisen sollte, um Hackern wie Kevin Mitnick das Handwerk zu legen.

3 Nachdem er von dem Einbruch gehört hatte, warnte Tsutomu sofort seine Freunde und Kollegen. Er rief Jay Dombrowski an, Kommunikationsmanager am Supercomputer Center. Er rief auch Dan Farmer an, den rothaarigen, motorradstiefeltragenden Computersicherheitsguru, der zu der Zeit bei Silicon Graphics angestellt war, einem Hersteller für Workstations und High-End-Computer. (Farmer ist mittlerweile bei Sun Microsystems.) In seiner Freizeit hatte Farmer an einem Stück Software namens Satan gearbeitet, einem umstrittenen Point-and-Click-Programm, das sofort ein Schlaglicht auf die Schwäche einer Software warf (und von dem jemand – Farmer war ziemlich sicher, daß es sich dabei um Kevin handelte – später eine Kopie stahl).

Um Mitternacht tauchte Tsutomu im Büro eines Freundes auf, um sich Computerequipment auszuleihen, das er in den nächsten Tagen brauchen würde. Er sah so aufgebracht aus, er zitterte und war völlig aufgewühlt, daß ihn der Wachdienst durchließ, ohne nach seinem Namen zu fragen. «Tsutomu hat den Ehrenkodex eines Samurai», sagt Brosl Hasslacher, eine Physikerin, die in Los Alamos mit Shimomura zusammengearbeitet hatte. «Er glaubt ganz fest an eine unausgesprochene Übereinkunft ethischen Verhaltens.» Auch was Demütigungen angeht, hat er das Verständnis eines Samurai. Die Vorstellung, daß in seine Maschine eingebrochen worden war und daß seine persönlichen Dateien demnächst über das ganze Netz verstreut sein würden, war ihm äußerst unangenehm. Seinem Ruf als Sicherheitsexperte war es gewiß nicht förderlich. Und was noch schlimmer war, er hatte einen starken Verdacht, wer dahinterstecken könnte: Kevin.

Am nächsten Morgen saß Tsutomu im Flieger nach San Diego, wo er in einem langwierigen und komplizierten Prozeß den Angriff auf seinen Computer rekonstruierte. Es war nicht einfach. Die meisten Datenquellen waren zerstört. Er studierte die Dateizugriffs- und -veränderungszeiten, die sowohl erkennen lassen, wer was wann gemacht hat, wie auch die Art der Verbindung des Einbrechers zum Netzwerk.

...Aber die genaue Vorgehensweise des Angriffs war immer noch unklar.

Zu Beginn des neuen Jahres, etwa zwei Wochen nach dem Einbruch, hatte Tsutomu die Puzzleteilchen mehr oder weniger zusammengesetzt. Am 11. Januar besuchte er eine Konferenz zur Computersicherheit im Sonoma Mission Inn, einem luxuriösem Anwesen im Sonoma Valley, das von Prominenten und Konzernmanagern frequentiert wird. Die Konferenz «CMAD III» (3rd Annual Workshop on Computer Misuse and Detection) versammelte eine kleine, exklusive Gruppe von Top-Akademikern, Industriebossen und Verbrechensbekämpfern, die Upper East Side des Cyberspace, die Elitegarde des Netzes.

Tsutomu hatte einen hollywoodreifen Auftritt. Er sollte als erster an diesem Morgen dran sein, aber seine Präsentation verzögerte sich. Niemand hatte ihn gesehen. Sollte er etwa einfach wegbleiben? Das Gerücht ging um, daß er etwas ungemein Wichtiges zu erzählen hätte. Irgend etwas ganz Großes.

Kurz vor Mittag tauchte Tsutomu endlich auf. Er stach sogar aus dieser merkwürdigen Ansammlung von Leuten heraus. Obwohl winterliche Temperaturen herrschten, trug er Shorts, Sandalen und T-Shirt. Sein langes schwarzes Haar war zu einem Pferdeschwanz zusammengebunden. Steve Lodin, ein Student der Purdue University, wußte sofort, daß irgend etwas im Busch war: «Tsutomu sah ganz schön erregt aus.» Lodin beobachtete ihn, wie er mit Jim Ellis vom Computer Emergency Response Team (CERT), einer regierungseigenen Abteilung mit Sitz an der Carnegie-Mellon University in Pittsburgh, die Köpfe zusammensteckte. Die Luft knisterte vor Spannung. Papiere und Folien wurden eilig zusammengesucht, man bemühte sich um Fassung. Eine kurze Zeit der Stille, dann setzte Tsutomu zu seiner Rede an.

Er stand vor dem Auditorium, und in seiner zögernd-mechanischen Art breitete er alles vor ihnen aus: wie er am Weihnachtsabend entdeckt hatte, daß jemand in seinen Computer eingedrungen war. Seine aufwendige Recherche, um herauszukriegen, wie der Einbruch gelaufen sein mußte. Und bei der Zurückverfolgung des Täters kam er schließlich darauf, daß sein Rechner mit einer ganz seltenen und komplizierten Methode namens «IP-Spoofing» attackiert worden war.

Um es so einfach wie möglich zu beschreiben: Der Einbrecher hatte einen Weg gefunden, einen fremden Computer wie einen Freund aussehen zu lassen. Er wählte also Tsutomus Rechner an und sagte: «Hi, ich bin dein Freund X.» Tsutomus Rechner denkt, er hat einen Kumpel vor sich, macht die Tür auf und läßt ihn rein. Als der Eindringling erst mal drin war, hatte er auch schon die halbe Miete, das heißt die Schlüssel zu jedem Zimmer im Haus. Er konnte darin herumspazieren, hier mal einen Schrank und da mal eine Schublade öffnen und ein bißchen die Post durchstöbern. Natürlich mußte Tsutomu den Versammelten nicht die technischen Details erklären. Die Schwachstellen des Systems waren schon lange bekannt – zwei angesehene Sicherheitsexperten, Robert Morris und Steve Bellovin, hatten darüber bereits vor Jahren geschrieben. Aber es war eine solch elaborierte Angriffsmethode, daß sie selten benutzt wurde. Man brauchte dazu viel Zeit, viel Geduld und viel Talent.

Es hatte sich herausgestellt, daß der größte Teil der Attacke automatisch ausgeführt worden war, das heißt, jemand hatte ein Programm geschrieben, das den Angriff ausführen konnte. Das machte die ganze Geschichte noch bedrohlicher, weil es bedeutete, daß es jeder tun könnte, der in der Lage wäre, dieses Programm zu bedienen.

Im Endeffekt bedurfte es also nur eines leicht überdurchschnittlichen technischen Verständnisses (wie es bei Hackern der Fall ist), um die Geschichte durchzuziehen. Und das durfte man bei Kevin ja durchaus voraussetzen.

Tsutomus Rede dauerte etwa zwanzig Minuten. Kurz vor Schluß bot er dem Publikum noch einen letzten Happen. Er erwähnte, daß kurz nach dem Einbruch zwei Nachrichten auf seiner Voice-Mail waren, die sich möglicherweise auf den Einbruch bezogen. Er drehte die Lautstärke seines Computers so weit wie möglich auf. Die Stimmen waren ein bißchen verzerrt, aber die Leute in der ersten Reihe konnten alles sehr gut verstehen.

«Meine Technik ist Beste», begann die erste Nachricht, die mit einem nachgeäfften japanischen Akzent gesprochen war. «Du verflucht. Ich kenne Sendmail-Technik. Weißt nicht, wer ich bin? Ich und meine Freunde werden dich töten.» Dann eine andere Stimme: «Hey Boss, mein Kung-Fu-ist echt gut.» Tsutomu spielte jetzt die zweite Nachricht ab: «Deine Technik wird besiegt werden. Deine Technik ist nicht gut.»

Die Stimmen waren zu gut verstellt, als daß man sie hätte identifizieren können, aber der höhnische, verächtliche Ton war eindeutig Kevins Stil.

Es gab noch ein anderes Problem. Wenn Kevin hiermit zu tun hatte, dann war es unwahrscheinlich, daß er allein war. Zumal das Schreiben des Codes für das IP-Spoofing-Script eine Sachkenntnis voraussetzte, die außerhalb sciner Möglichkeiten lag – wie selbst Kevins Freunde einräumten. Technisch war er sehr gut darin, einfache Schwachstellen in Systemen wie denen von WELL oder Netcom auszuschlachten. Das waren weite Gefilde, in denen man ohne weiteres aus dem Blick geraten konnte. Tsutomus Rechner war raffinierter. Außerdem arbeitete Tsutomu mit einem Unix-Betriebssystem, und Kevins Kenntnisse beschränkten sich auf VMS von Digital.

Hatte Kevin einen Komplizen? Oder mußte er nur als Sündenbock herhalten? Niemand wußte es ganz genau.

Zwei Wochen nach der CMAD-Konferenz schlug die *New York Times* Alarm. «Neue Bedrohung für offenes Datennetz» lautete die Schlagzeile der Titelseite vom 23. Januar. «Eine neue Angriffsmethode macht viele der zwanzig Millionen im globalen Internet vernetzten Computer von Regierung, Industrie, Universitäten und Privathaushalten absolut anfällig für Lauschangriffe und Diebstahl», schrieb John Markoff. «Für Computerbenutzer ist das Problem vergleichbar mit dem eines Hausbesitzers, der feststellen muß, daß Einbrecher für alle Häuser in der Nachbarschaft einen Generalschlüssel besitzen.»

Wohl wahr. Wahr ist aber auch, daß die Schlüsselmetapher den Angriffsvorgang simpler aussehen ließ, als er es tatsächlich war. Aber die *New-York-Times*-Story war auch ein Indiz dafür, wie sehr sich die Dinge in der Computerkultur verändert hatten. Zwei Jahre zuvor wäre eine neue Angriffsfläche im Internet bedeutungslos gewesen. Aber 1995 hatte sich das Internet bereits zu Amerikas Rückenmark entwickelt. Dem Informationsestablishment war also eine total unsichere Zukunft prophezeit worden.

Überhaupt war die gesamte Kommunikationsindustrie in Aufruhr: Telefongesellschaften wollten ins Kabelfernsehgeschäft, die Fernsehstationen wollten ins Telefongeschäft, jeden Tag wurden neue Fusionen bekanntgegeben, die alten Hollywoodbastionen gerieten ins Wanken. Und niemand bekam das mehr zu spüren als die Tageszeitungen. Alte Königsmacher wie die *New York Times* und die *Washington Post* sahen ihren Einfluß schwinden. Für sie war eine Schwachstelle im Netz eine willkommene Meldung. Es bestätigte, was sie schon immer wußten: daß diese Welt voller Anarchisten, Diebe und Schurken ist. Warum sollte man damit nicht ganz groß aufmachen?

Als Ron Austin den Artikel in der *New York Times* sah, wußte er, daß Kevin in Schwierigkeiten war. Austin war derjenige, welcher zusammen mit Kevin Poulsen von «Hacker-wird-FBI-Agent»-Justin Petersen zur Strecke gebracht worden war. Anders als seine beiden Kumpel ist Austin ein entschieden friedliebender Mensch, nachdenklich und vertrauenswürdig zugleich (in seinen Kreisen zwei seltene Eigenschaften). Obwohl er nicht wußte, wo Kevin lebte, hatte er doch mehrere Monate lang in Kontakt mit ihm gestanden. Kevin rief ihn aus heiterem Himmel an, oder sie hinterließen sich gegenseitig Nachrichten auf Austins Account auf dem Nyx, diesem hackerfreundlichen Internet-Provider an der University of Denver. Meistens tauschten sie Informationen über Justin Petersen aus, der sie beide betrogen hatte und gegen den sie so etwas wie Verbitterung teilten.

Sie sprachen auch über Kevins Leben auf der Flucht. Wie Lewis DePayne, der ebenfalls regelmäßigen Telefonkontakt mit Kevin hatte, forderte auch Austin Kevin häufig auf, sich selbst zu stellen – oder das Land zu verlassen. Austin erzählt, daß er sogar noch weiter ging. Er beauftragte seinen Rechtsanwalt damit, beim Staatsanwalt das Strafmaß in Erfahrung zu bringen, das Kevin zu erwarten hätte, wenn er sich freiwillig stellen würde. Laut Austin war der Staatsanwalt zu keiner Diskussion darüber bereit. Kevin, der davon erfuhr, fühlte sich in seinen Ängsten vor der Härte des Gesetzes nur bestätigt. Und es bestärkte ihn in der Entscheidung, auf der Flucht zu bleiben. «Wenn das die Art ist, wie sie das Spiel spielen wollen», sagte Kevin zu Austin, «dann laß sie doch ihr Geld ausgeben, um mich zu kriegen.» Austin vermutete, daß Kevin möglicherweise etwas mit dem Einbruch in Tsutomus Rechner zu tun haben könnte. Kevin hatte Tsutomus Namen mehrfach erwähnt. Austin wußte auch, daß Kevin auf der Suche nach dem Quellcode für OKI-Telefone war. Es erschien ihm nur normal, daß Kevin sich als nächstes an Lottors Freund Tsutomu halten würde.

Als er jetzt die Story über den Einbruch in Tsutomus Rechner in der *New York Times* las, da sah Austin seine schlimmsten Befürchtungen bestätigt: das Netz zog sich über Kevin zusammen. Auch wenn es in der *New York Times* keinen Hinweis darauf gab, war Austin sich sicher, daß Markoff und Tsutomu einen Verdacht gegen Kevin hegten. Austin ließ Kevin per E-Mail eine Warnung zukommen. Und er rief Markoff an: «Ich wette, daß Sie als nächstes schreiben werden, warum es nur Kevin Mitnick gewesen sein kann, der diese Einbrüche verübt hat.» Markoff stritt das ab. «Ich hatte keine Idee, was ich als nächstes schreiben oder wie die ganze Sache enden würde», sagte er später.

Es sieht ganz danach aus, als hätte Austin recht behalten. Aber wie immer war die Sache auch diesmal nicht so einfach.

4

In seinem kleinen Büro hinter Hollingsworth Auto in Raleigh, North Carolina, ging Charlie Pritchett ans Telefon. Es war der 4.Januar, ein eisiger Mittwoch morgen. «U-Save Auto Rental», sagte Pritchett in den Hörer und betonte das «U» besonders stark, wie um klarzumachen, daß man wirklich Geld sparte, wenn man bei ihm ein Auto mietete.

«Ich hätte gern eine Auskunft über das Mieten eines Wagens», sagte die Stimme am anderen Ende der Leitung.

«Innerhalb der Stadt oder aus der Stadt raus?»

«In der Stadt.»

«Suchen Sie nach einem speziellen Modell?»

«Nein, nur ein solides Transportmittel. Ich bin gerade angekommen und suche einen neuen Job. Ich wohne im Friendship Inn in North Raleigh, ist das weit von Ihnen?»

«Nein», sagte Pritchett, «wie schnell brauchen Sie den Wagen?»

«Morgen.»

Pritchett guckte nach, was auf dem Hof stand. «Ich hab hier 'n Plymouth Horizon», sagte er, «netter kleiner blauer Viertürer.»

«Wie teuer?»

Pritchett sagte es ihm.

«Genau danach hab ich gesucht. Muß ich 'ne Kreditkarte hinterlegen?»

«Nicht, wenn Sie in der Stadt bleiben und eine gültige Fahrerlaubnis haben.»

«Kein Problem. Können Sie mir den Wagen reservieren? Ich komm morgen zu Ihnen.»

«Klar. Wie ist Ihr Name?»

«David Stanfill.»

«Okay, der Wagen wartet auf Sie.»

Im Mietwagengeschäft hat man es mit einer Menge fremder Menschen zu tun. Die Fremden, denen Pritchett begegnet, sind merkwürdiger als die meisten. Seine Kunden sind diejenigen, die es sich nicht leisten können, zu Hertz oder Alamo zu gehen. Sie haben kein firmeneigenes Spesenkonto, und die meisten von ihnen besitzen auch keine Kreditkarten. Es interessiert sie nicht, wie ein Auto aussieht, ob es einen Kassettenrecorder mit automatischem Rücklauf hat oder ob der Keilriemen quietscht. Sie wollen nur ein billiges Transportmittel.

Pritchett freut sich, gefällig sein zu können. U-Save ist ein Ein-Mann-Betrieb, und sein Büro hat die Größe eines Lastenaufzugs. In den Ecken stapeln sich gebrauchte Reifen, die Luft ist stickig und riecht nach kaltem Rauch. Trotzdem ist es kein ungemütlicher Ort. An der Wand hängen Poster von Belize, und neben der Tür ist ein Cola-Automat. Pritchett selber ist ein grauer Mann. Kurzes, graues Haar, graue Augen, grauer Raucherteint. Er ist gesprächig und hilfsbereit. Wenn Kunden kommen, quatscht er gern. Von seinen dreißig Armeejahren als Sergeant der Reserve. Er liebt es, seinen Kunden von der Zeit zu erzählen, als Capital Avenue, die Straße, die an seinem Laden vorbeiführt, die alte Route 1 war. «Fahren Sie einfach immer nur nach Norden, und Sie landen direkt in New York City.»

Pritchett ist außerdem ein Sponsor der City of Raleigh. Nicht, daß die Stadt seine Hilfe dringend nötig hätte. Raleigh riecht geradezu nach Aufschwung. Die alte «Tobacco-Field»-Melancholie ist einer profitableren Geschäftigkeit gewichen, auf jedem Hügel blinkt in der Nacht ein Sendemast für Funktelefone, jeder kommt von irgendwo anders her. Dank der vielen High-Tech-Jobs im Research Triangle Park liegt die Arbeitslosigkeit bei etwa der Hälfte des nationalen Durchschnitts. Das Wetter ist mild, der Strand nah, die Berge nicht weit. Fast ein Paradies. 1994 kürte das *Money Magazine* die Gegend um Raleigh/Durham/Chapel Hill zu der angesagten Wohngegend Amerikas. Besucher werden durch Schilder am Highway begrüßt: «Willkommen in Raleigh/Durham. Beste Gegend von Amerika. Money Magazine.»

Trotzdem traut Pritchett deshalb noch lange nicht jedem Fremden einfach so. Man weiß nie, was einer für Ärger mit sich bringt. Deshalb hat er ein zwölfkalibriges Gewehr unter seinem Tresen. Man kann nie vorsichtig genug sein.

Pritchett fand, er sah schmuddelig aus. Er beobachtete ihn, wie er über den Parkplatz auf sein Büro zuging. Buschiges, dunkles Haar, Dreitagebart, eine Nylontasche über der Schulter, ein Laptop, wie Pritchett erkannte.

Die Glocken über der Tür bimmelten, als er eintrat. «Hi, ich bin David Stanfill. Ich hab Sie gestern wegen eines Mietwagens angerufen, Sie sprachen da von einem blauen Plymouth Horizon...»

«Ach ja», sagte Pritchett.

Pritchett hatte es sich zur Gewohnheit gemacht, Leute gleich einzuschätzen. Und was er sah, gefiel ihm. Stanfill schien schüchtern und freundlich zu sein. Er schien es nicht eilig zu haben. Pritchett gab ihm einen Stift und das Formular zum Ausfüllen, und ehe er sich versah, waren sie mitten im Gespräch.

Stanfill erzählte ihm, daß er aus Las Vegas komme. Er sagte, er habe dort für eine Firma namens American Information Technologies gearbeitet. Er gab Pritchett seine Visitenkarte: «M. David Stanfill. Systems Administrator. American Information Technologies, Inc. 3661 S. Maryland Parkway. Las Vegas, Nevada. 89109. 702-894-5418. Fax: 702-870-3411.» Es war keine besonders professionell wirkende Karte, eher billig produziert, aber Pritchett schien sie echt genug. Stanfill erzählte ihm, daß er das Unternehmen gerade erst verlassen habe und daß er wegen einer unangenehmen Scheidungsgeschichte aus Las Vegas weg wollte. Er habe über Raleigh im *Money Magazine* gelesen, daß es so ein toller Platz zum Leben sei. Also, habe er sich gedacht, warum nicht hier? Er sagte, er suche einen Job in der Computerindustrie, etwa um die 30000 bis 40000 Dollar im Jahr.

In Pritchetts Ohren klang das alles gut. «Raleigh ist ein toller Ort zum Leben.»

«Sieht wirklich nett aus hier», stimmte Stanfill zu.

«Haben Sie schon mal North-Carolina-Barbecue probiert?» fragte Pritchett.

Stanfill verneinte.

«Müssen Sie unbedingt mal essen, solange Sie hier sind.»

«Wo gibt's denn das beste hier in der Nähe?»

«Also, ich persönlich geh am liebsten in die Barbecue Lodge», sagte Pritchett. «Ist nur ein paar Blocks weiter.» Er erklärte Stanfill, daß ein North-Carolina-Barbecue überhaupt nicht mit einem Texas-Barbecue, ja noch nicht mal mit einem South-Carolina-Barbecue zu vergleichen sei. «In North Carolina nehmen wir nur Schwein. Kein Hühnchen oder Rindfleisch. Und ohne Tomaten. Hierzulande ist es auf Essigbasis. Es ist total anders als alles, was Sie je gegessen haben.»

Als Stanfill dann in dem kleinen blauen Horizon davonfuhr, hatte Pritchett ihn richtig in sein Herz geschlossen. Normalerweise ließ er kein Auto vom Hof, ohne eine Kreditkarte zur Sicherheit dazubehalten oder mit einem Anruf die Kreditwürdigkeit zu überprüfen. Bei Stanfill machte er eine Ausnahme. Warum auch nicht? Er schien ganz offensichtlich ein prima Kerl zu sein. Pritchett tat er sogar ein bißchen leid, 'ne unangenehme Scheidung und dann noch auf Jobsuche. Das Leben ist wirklich hart, dachte Pritchett.

Ein paar Tage später checkte David Stanfill aus dem Friendship Inn aus und zog ins Sundowner Inn, ein ganz einfaches Hotel direkt gegenüber von Pritchetts Autovermietung. Die Lobby war mit Touristenbroschüren vollgemüllt – «Besuchen Sie eine echte Tabakfarm!», «Die Smoky Mountains – Ein Führer zum schönsten Fleckchen Erde».

Stanfill kam nachmittags im Sundowner Hill an. John Miles, Manager des Hotels, war am Empfang. Miles sieht aus wie ein High-School-Lehrer: kurzärmliges T-Shirt, Brille, strapazierfähige Hosen. Er bemerkte ebenfalls den Laptop, den Stanfill in der Nylontasche über der Schulter hängen hatte. Er hatte noch eine andere kleine Tasche dabei. Stanfill sagte, er wisse noch nicht genau, wie lange er bleiben würde, er wolle lieber jeden Tag bezahlen. Für Miles war das in Ordnung. Er gab ihm einen Sonderpreis, 36,95 Dollar pro Nacht. Stanfill zahlte bar.

Angesichts des Computers über Stanfills Schulter dachte Miles darüber nach, wie sehr sich doch die Welt verändert hatte. Computer waren mittlerweile überall. Man konnte sie wie Bücher mit sich rumschleppen. Nicht wie früher, als Computer noch riesig und kompliziert zu bedienen waren. Miles kannte sich aus, er hatte einst ein kleines Mailbox-System bei sich zu Hause gehabt. Damals gab es nur ein paar hundert Benutzer. Aber er erinnerte sich an einen berühmten Hacker, der sich «Der Condor» nannte. Der war eine richtige Berühmtheit gewesen. Miles war sich nicht sicher, aber irgendwann dachte er, daß sich der Condor in sein Mailbox-System eingeloggt hatte. Er hatte nichts weiter getan, als einfach drin rumzuschnüffeln. Miles hatte Jahre nicht mehr an den Kerl gedacht, er wußte noch nicht mal seinen richtigen Namen. Es hätte aber David Stanfill sein können.

5 Was, wenn Charlie Pritchetts Bemerkung über den Highway vor seiner Tür, der direkt bis nach New York führt, Kevins Neugier geweckt hätte? Angenommen, er hatte eines Nachmittags Langeweile, war ein bißchen einsam und nicht so gut drauf, und beschloß dann, in seinem kleinen, plumpen Plymouth Horizon auf der Route zwanzig Stunden nach Norden zu fahren, quer durch Virginia, Maryland, Washington D.C., Pennsylvania, dann rein nach New Jersey und schließlich über die George Washington Bridge nach Manhattan. Er könnte downtown auf den Broadway gefahren sein, über Times Square hinweg, vorbei am Flatiron Building bis zum Union Square, dann East 14th Street, um sich dann parkend gegenüber von einem Club namens Irving Plaza wiederzufinden.

Wenn er gegen 20 Uhr am Abend des 12. Januar dort angekommen wäre, hätte er ein paar Leute vor dem Schaufenster sehen können, die meisten von ihnen blaß, schmal und hohläugig von zu vielen Stunden vor dem Computerbildschirm. Er hätte einen zwanzigjährigen Jungen aus einem Auto aussteigen sehen können, begleitet von Reportern der *New York Times*, der *Washington Post* und des *New York Magazine*. Er hätte Kameras und

Blitzlichter gesehen und die unglaubliche Aufregung erlebt, die in New York um Prominenz gemacht wird. Er hätte wahrscheinlich das zwanzigjährige Kid in der Menschenmenge als Mark Abene, alias Phiber Optik, identifiziert. Abene hatte gerade zehn Monate Gefängnis wegen Computereinbruchs hinter sich und wurde nun als Darling der New Yorker Schickeria gefeiert.

Vielleicht wäre Kevin aus seinem Auto gestiegen, Abene in den Club gefolgt und hätte zugehört, wie er in Interviews über das Toilettenreinigen in der Besserungsanstalt erzählte. Vielleicht hätte er ihn auch darüber sprechen gehört, daß der Richter gehofft hatte, aus ihm ein warnendes Beispiel für alle Hacker zu machen. Wenn man sich allerdings den Raum voller Blitzlichter, Groupies und Presseleute anschaute, war es vielleicht nicht ganz das, was sich der Richter darunter vorgestellt hatte.

Wäre Kevin neidisch gewesen? Wütend? Hätte er begriffen, daß er soviel hacken und klauen konnte, wie er wollte, daß er trotzdem niemals so gehätschelt und bewundert werden würde wie Abene? Hätte er verstanden, daß er nicht hübsch genug, nicht jung genug und nicht simpel genug war? Abene hatte den Reiz der Jugend, des gutaussehenden Rebellen, eines Knaben, der von unstillbarem Wissensdurst besessen war. Unbelehrbar, aber nicht bedrohlich. Jeder konnte sehen, daß er nicht in ein Gefängnis gehörte, wo er Schnee schaufeln und Toiletten säubern mußte und des Nachts den Mond durch die Gitterstäbe hindurch betrachtete.

Kevin wäre sich wahrscheinlich in der aufgeregten Menge ziemlich alt vorgekommen. Er fühlte sich unter Fremden nicht wohl. Für ihn stand zuviel auf dem Spiel. Hacken war kein Spaß für ihn, kein intellektuelles Abenteuer. Für ihn war es der Ort, an dem ihm keiner Fragen stellte und wo er nach seinen eigenen Regeln leben konnte. Er war kein Krimineller, seine Moral war mindestens so solide wie Abenes – *aber, verdammt noch mal, dieser Phiber war ein Kind und lebte immer noch mit Mommy und Daddy zu Hause!* Aber Abene war kein Täuschungskünstler. Er hatte nicht wie Kevin Spaß daran, Leute zu necken. Kevin gefiel sich selbst als Ein-Mann-Informationsunternehmen. Er sammelte Informationen und benutzte sie als Druckmittel, um noch mehr zu bekommen.

Jeder durchschnittlich intelligente Mensch konnte erkennen, daß Abene eine Zukunft hatte. Er hatte schon einen Job bei *Echo*, einem angesagten Mailbox-System in New York City. Er hatte eine süße, attraktive Freundin, die ihn anbetete. Er war jung und gutaussehend. Man konnte ihn sich leicht als Sprecher bei Computerkonferenzen oder, ein paar Jahre später, als sehr gut bezahlten Sicherheitsexperten vorstellen.

Kevin hatte nur eine Vergangenheit. Er hatte *Cyberpunk*. Er hatte die dunklen Erinnerungen an seine Stiefväter. Er hatte eine Mutter, die nichts begriff. Einen Halbbruder, der an einer Überdosis starb. Einen Onkel, der wegen Totschlags verurteilt war. Er hatte Freunde, die ihn betrogen. Er hatte Haftbefehle, Paranoia, Wut. Er hatte Angst.

6

Am 27. Januar arbeitete Gail Williams, ein Systemadministrator bei WELL, während eines Routinechecks mit einem Programm namens Disk Hog. Dieses Programm überprüft sämtliche Dateien auf dem Computer daraufhin, ob sie zuviel Platz einnehmen. Das Programm zeigte nun, daß ausgerechnet die beiden Dateien Freedom und Privacy Conference, die normalerweise fast leer waren, einen enormen Platz beanspruchten: 158 Megabytes.

Um herauszufinden, was los war, rief Williams bei Bruce Koball an, technischer Consultant in Berkeley und einer der Organisatoren der jährlichen CFP-Conference (der Konferenz übrigens, auf der FBI-Agenten angeblich Kevin erspäht hatten). Koball überflog die Dateien und erkannte sofort, daß es nichts mit CFP zu tun hatte. Unter anderem waren mehr als zwei Megabytes voll mit komprimierter E-Mail, meistens von oder an: «tsutomu@sdsc.edu». Koball hatte keine Ahnung, wer das sein könnte.

Für WELL war der Fall allerdings klar: sie waren Opfer eines Hackers geworden. Der Eindringling hatte offenbar Eingang in die tiefsten Winkel ihres Systems gefunden und konnte, wenn er es drauf anlegte, ernstlichen Schaden anrichten oder sogar das gesamte System lahmlegen. Systemadministratoren von WELL riefen John Perry Barlow an, den Co-Gründer der Electronic Frontier Foundation (EFF), und fragten ihn: «Wer ist der schärfste Hackerfänger?»

Zwei Namen kamen Barlow sofort: Bill Cheswick und Tsutomu Shimomura. Er nahm an, daß Cheswick, ein Sicherheitsspezialist bei AT&T, unabkömmlich sein würde, aber er versprach, Tsutomu anzurufen. Er hatte Tsutomu einige Jahre zuvor getroffen und wußte, daß er ein smarter und höflicher Kollege war, der gerne helfen würde.

Als Barlow ihn anrief, scheute Tsutomu zunächst zurück. Er hatte zu der Zeit genug eigene Probleme und nicht die leiseste Ahnung davon, daß dieser Einbruch ins WELL irgend etwas mit dem Angriff auf seinen eigenen Rechner am Weihnachtstag zu tun hatte. Schließlich sagte er aber doch zu, «eigentlich, um Barlow einen Gefallen zu tun», wie sich Tsutomu erinnert.

Als Koball am nächsten Tag die nationale Ausgabe der *New York Times* in den Händen hatte, fiel sein Blick zufällig auf die Überschrift der ersten Seite des Business-Teils: «Computer-Kriminalität – eine Herzensangelegenheit».

Es war ein Artikel über Tsutomu, den Mann des Tages, und wie er sich mit den Folgen des weihnachtlichen Einbruchs in seinen Computer herumschlug. «Es war so, als ob die Diebe das Schloß nur geknackt hätten, um ihre Tüchtigkeit zu beweisen. Deshalb nimmt Tsutomu Shimomura, der in diesem Fall der Schlüsselbesitzer ist, die Angelegenheit auch so persönlich und betrachtet es als eine Frage der Ehre, den Fall zu lösen», war da zu lesen. Nirgendwo wurde erwähnt, daß Tsutomura selbst ein brillanter Handy-Hacker war und sehr wohl selbst die Gesetzeslücken erkundet hatte. Hier wurde er wie die Karikatur eines Superhelden dargestellt, eine Art Cyber-Batman, der auf der Seite des Guten und Mamas Apfelkuchen kämpfte: «...mehr als alles in der Welt möchte der dreißigjährige Mr. Shimomura der Regierung helfen, die Gauner zu fangen. Und obwohl er anerkennen muß, daß die Diebe clever waren, kann Mr. Shimomura doch nicht ganz die Anzeichen seiner Ungehaltenheit unterdrücken. Und das, so sagt er, könnte den Eindringlingen durchaus zum Verhängnis werden. ‹Sieht so aus, als ob diese Wadenbeißer gelernt hätten, technische Gebrauchsanweisungen zu lesen›, spottet Mr. Shimomura, ‹aber irgend jemand sollte ihnen jetzt auch noch ein gutes Benehmen beibringen.›»

Als Koball das las, fingen in seinem Kopf die Alarmglocken an zu läuten. Nun wußte er, wer «tsutomu@sdsc.edu» war. Er rief sofort bei WELL an, und dann kontaktierte er Markoff, den er schon lange kannte. Markoff brachte ihn mit Tsutomu zusammen, und kurze Zeit später war die Sache klar: die Dateien, die man bei WELL gefunden hatte, waren diejenigen, die Weihnachten von Tsutomus Rechner herauskopiert worden waren.

7 Irgendwann Ende Januar – Pritchett hatte es nicht so mit genauen Daten – rief Stanfill ihn an und fragte, ob es okay wäre, wenn er mit dem Auto nach Hilton Head Island führe, einem beliebten Erholungsort ein paar Stunden nördlich von Raleigh. Er sagte, daß ihn ein Freund besuchen komme, sie wollten durch die Gegend fahren und vielleicht ein bißchen golfen.

«Der Wagen ist nur für innerstädtische Benutzung», erinnerte ihn Pritchett.

«Kein Problem», sagte Stanfill und versprach, den Wagen vorher zurückzubringen.

Das beeindruckte Pritchett. Andere wären einfach, ohne ihm was zu sagen, mit dem Auto nach Hilton Head gefahren. Tatsächlich taten das ziemlich viele Leute, wenn man vom Kilometerstand der Autos ausging. Stanfill nicht. Es bestätigte Pritchett in seinem Urteil, daß er ein feiner Kerl war, der einfach Pech hatte. Im billigen Autoverleih findet man nicht allzu häufig solche Typen.

Pritchett war von Stanfill so eingenommen, daß er beschloß, ihm bei seiner Jobsuche zu helfen. Er rief ein paar Freunde an, die mit Elektronik zu tun hatten, erzählte ihnen von Stanfill und fragte, ob sie irgend etwas für ihn wüßten. Sie wußten nichts, wollten sich aber umhören.

Am nächsten Tag brachte Stanfill den Wagen. Pritchett war verblüfft, wieviel besser er aussah – frisch rasiert, kürzeres Haar und hübschere Kleidung. «Gute Nachrichten», erzählte er Pritchett, «ich glaub, ich hab ein Apartment gefunden.» Er hatte noch keine Arbeit, bemühte sich aber weiterhin. Er wirkte fröhlicher und gelöster als das letzte Mal, so, als wenn die Dinge langsam ins Lot kämen.

Der Player's-Club-Apartmentkomplex ist der Melrose Place von Raleigh. Jeder, der dort lebt, scheint Ende Zwanzig zu sein, der Parkplatz ist voll mit Neons und Hondas, Motorrädern und Segelbooten. Um eine große Wiese ballen sich ein paar Dutzend grau und blau angestrichene Häuser. Jede Einheit besteht aus vier bis sechs Apartments, dazu Tennisplätze, ein Fitneßstudio, eine Lounge mit großem Fernsehschirm und, am allerwichtigsten, ein Pool. Der Pool außerhalb des Gebäudes ist nierenförmig geschnitten und von Liegesesseln umstellt, auf denen an warmen Tagen junge, feste Körper liegen. Das überdachte Becken für den Winter ist kleiner und durch eine Mauer, unter der man durchschwimmen kann, von dem anderen getrennt. Außerdem gibt es einen Jacuzzi, eine Sauna und einen Kraftraum. Wie all diese Einrichtungen, die für Luxus und Fitneß stehen, hat es etwas leicht Ordinäres an sich – das Poolwasser ist stark gechlort, und die Lounge sieht ziemlich öde aus, wenn sich nicht gerade die Schönen und Erfolgreichen dort tummeln.

Kevin hatte sich ein kleines Studio auf der südöstlichen Seite des Komplexes gemietet. Zweiter Stock, Apt. 202. Von seinem

Fenster aus konnte er genau auf die Kronen der Gummibäume und Pinien des William B. Ulmstead State Park blicken, der nur eine Meile entfernt lag. Das Apartment bestand nur aus einem Zimmer, Küche und einem kleinen Bad. Aber es war nett eingerichtet – in jeder Hinsicht netter als die deprimierende Hütte, die er in Seattle bewohnt hatte. Es gab eine Mikrowelle und ein ausziehbares Sofa, einen silberfarbenen, plüschigen Teppich, die dazu passende Tapete und eine Frühstücksbar mit zwei Holzstühlen. Es war hell, sauber und freundlich. McDonald's war genauso wie Burger King, Domino's Pizza, Chinatown Express, Bruegel's Bagels und Jersey Mike's Subs zu Fuß zu erreichen. Außerdem gab's in der Nähe ein Kinko's und ein Circuit City. Für Kevin muß es das Paradies gewesen sein.

Den Mietvertrag unterschrieb er als Glenn Thomas Case. Die Miete betrug 510 Dollar plus 255 Dollar Kaution. Wie üblich zahlte Kevin bar.

8 Ungefähr zur gleichen Zeit, als Kevin in den Player's Club zog, versammelte sich ein Polizeiaufgebot bei WELL. Andrew Gross flog von San Diego ein und besprach sich mit den Systemadministratoren von WELL, wie man vorgehen wolle. Dan Farmer tauchte kurz auf, wie auch ein paar andere Kollegen.

Alles sollte husch-husch gehen, aber die Szene der Computersicherheit ist ziemlich klein und ziemlich verklatscht, so daß bald alle Bescheid wußten.

Tsutomu hatte noch etwas anderes zu erledigen. Am 2. und 3. Februar nahm er in Palm Springs an einer Konferenz teil. Wieder hielt er einen Vortrag über den Einbruch in seinen Computer, und wieder verwies er auf die ansteigenden Gefahren für die Sicherheit der Datenkommunikation. Je mehr kommerziell wertvolles Material übers Netz ginge, desto mehr Angriffe stünden bevor. «Wir müssen davon ausgehen, daß die Attacken immer raffinierter werden, je größer der Anreiz ist», erklärte er dem Auditorium.

Das war eine wichtige Botschaft. Dadurch, daß Tsutomu den Einbruch in seinen Computer öffentlich gemacht hatte, konnte er mehrere Fliegen mit einer Klappe schlagen. Zum einen hatte er auf Schwachstellen im Internet aufmerksam gemacht, die man früher übersehen hatte, und zum anderen hatte er damit seinen eigenen Ruf rehabilitiert. Wenn sein Computer unsicher war, dann nicht deshalb, weil er nicht genügend auf seine Sicherheit geachtet hatte, sondern weil er ihn mit Absicht so eingerichtet hatte. «Tsutomu hat quasi seinen Computer als Köder benutzt», sagt Larry Smarr vom National Supercomputer Applications Center und plappert damit anderen Leuten des Computerestablishment nach, die sich überhaupt nicht darüber zu wundern schienen, wie es einem Profi wie Tsutomu passieren konnte, daß seine private E-Mail und Security-Tools im Internet herumflogen. «Es ist wie eine Einladung, in seinen Computer einzubrechen, damit die Schwächen des Systems klar werden. Während die Leute in seinem Computer sind, sammelt er so viele Informationen über sie wie möglich, damit er jede Menge Beweise hat, wenn er ihrer draußen habhaft wird.»

Bevor die Konferenz zu Ende war, stieß Smarr in der Hotelhalle auf Tsutomu. Wie immer hatte der ein neues Spielzeug dabei – einen winzigen Hewlett-Packard-Palmtop-Computer mit einem eingebauten Scanner für das Mobiltelefon-Netz, eigentlich ein umgebautes Handy. Er zeigte Smarr, wie es funktionierte. Er machte den Scanner an, und auf dem Bildschirm des Palmtop erschien ein Datenprotokoll sämtlicher Handytelefonate, die in der näheren Umgebung geführt wurden. Genaugenommen wäre das Reinhören in eines dieser Gespräche gesetzlich verboten gewesen.

Aber Tsutomu war eigentlich mehr daran interessiert, einen Rechner alle möglichen interessanten Tricks machen zu lassen, als in die Privatsphäre von jemandem einzudringen. Das ist einer der Unterschiede zwischen ihm und Kevin.

Tsutomu verbrachte zunächst eine kurze Zeit bei WELL, bevor er und seine Crew feststellten, daß die meisten Aktivitäten des Eindringlings über Netcom liefen. Also verlegten sie ihre Operation runter nach San Jose, in der Hoffnung, dort einen günstigeren Angriffspunkt zu haben. Netcoms Zentrale liegt im Herzen von Silicon Valley in einem gläsernen Gebäude direkt gegenüber vom Winchester Mystery House, einem immerwährenden Wahrzeichen des alten Westens. Es wurde mit dem Gewinn finanziert, den ein früherer technischer Durchbruch gebracht hatte: das Winchester-Repetiergewehr.

In der ersten Nacht schlugen Tsutomu und Gross ihr Lager im Büro von Robert Hood auf, dem Netzwerkmanager von Netcom. Tsutomu verbrachte die meiste Zeit damit, seinen Bildschirm zu beobachten und reinkommende Logs von WELL mit rausgehenden Logs von Netcom zu vergleichen. Auf diese Weise konnten sie feststellen, daß sich Kevin unter «gkremen» Zugang zu Netcom verschaffte (keine überraschende Entdeckung, da Kevin damit offenbar ebenfalls in Lile Elams Maschine eingedrungen war). Als Tsutomu und Gross den Namen im Mitgliederverzeichnis nachschauten, entdeckten sie – wie Elam –, daß es ein ganz legaler Benutzername war, den der Eindringling übernommen hatte.

Tsutomu begann, Kevins Aktivitäten aufzulisten. Sie konnten dort in Hoods Büro sitzen und, ohne daß Kevin es wußte, alles beobachten, was er tat. Wie Neill Clift, der Kevin im Sommer überwacht hatte, benutzte Tsutomu eine spezielle Überwachungssoftware, die er selbst geschrieben hatte. Tsutomus Einrichtung erlaubte ihm, jeden einzelnen Anschlag auf der Tastatur genauestens zu verfolgen, fast so, als würde er ein Video über einen Einbrecher in Aktion drehen.

Es gab kaum einen Zweifel darüber, daß es Kevin war. Eines der Paßwörter, die er benutzte, war «fucknmc» – das bezog sich vermutlich auf Neill M. Clift, der ihn ein paar Monate zuvor betrogen hatte. Er benannte eines von Tsutomus Files «japboy». Sie beobachteten ihn, wie er Markoffs E-Mail durchguckte und nach den Buchstaben «itni» suchte, um zu sehen, ob sein Name erwähnt wurde. Tsutomu und Gross beobachteten den Eindringling dabei, wie er sich auf IRC, einem Chat-Programm für Live-Plaudereien im Internet, darüber beschwerte, daß Markoff sein Bild auf die Titelseite der *New York Times* gebracht und ihm damit viel Ärger bereitet hatte. Er glaubte offenbar, daß Markoff das FBI mit Informationen über ihn fütterte, und spekulierte ganz offen darüber, wie er sich an ihm rächen könnte.

Kevin schwatzte außerdem via IRC mit einem Freund in Israel über Fragen zur internationalen Spionage. War er in eine größere Sache verwickelt, als sie sich das vorgestellt hatten? Zu diesem Zeitpunkt wußte es keiner. Noch enthüllte sich alles erst vor ihren Augen.

Dann kam die Sache mit den Kreditkartennummern. Eines Abends beobachtete der Sicherheitsexperte Mark Seiden, der ebenfalls in die Jagd involviert war, Kevins Aktivitäten bei Internex, einem kleinen Provider in der Bay Area. Auch zu ihm hatte Kevin Zugang. Nachdem er Kevin – oder jemanden, den er für Kevin hielt – dabei beobachtet hatte, wie er eine 140-Megabyte-Datei zur sicheren Verwahrung im WELL versteckte, beschloß Seiden, die Datei runterzuladen und einen Blick drauf zu werfen. Es stellte sich heraus, daß sie eine richtige Wundertüte voller Überraschungen war. Sie enthielt die Datei mit den verschlüsselten Paßwörtern für Apples Zugang zum Internet, verschiedene Werkzeuge für ein Eindringen in Computer von Sun sowie geklaute Software für Handys. Außerdem entdeckte er die gleiche Datei, die Orton vor ein paar Monaten auf «Brian Merrills» Computer gefunden hatte: die komplette Kundendatenbank von Netcom, wozu auch eine Datei namens Cards gehörte, die 32000 Kundendaten beinhaltete, mit Namen, Adressen, Telefonnummern und etwa 21600 Kreditkartennummern.

Jemand, der auch nur ein bißchen Ahnung vom Computer-Underground hat, weiß, daß Listen von Kreditkartennummern nichts Besonderes sind. Für Hacker sind sie das, was ein paar nette Geweihe für Jäger sind – etwas, um es an die Wand zu hängen und damit anzugeben. Tatsächlich gab es gute Gründe für die Vermutung, daß diese spezielle Liste im Januar 1994 von Netcom gestohlen wurde und schon seit einem ganzen Jahr wie eine Trophäe durch den Computer-Underground geisterte. Und es gab keinen Beweis dafür, daß Kevin jemals eine dieser Kreditkarten benutzt hätte. Nichtsdestotrotz sind geklaute Kreditkartennummern rechtlich gesehen ein heißes Eisen. Es kann jeden betreffen. Aber in Kevins Fall verstärkte es nur die Vermutung, daß er Dinge tat, die ihm nicht gestattet waren.

Für Tsutomu war nur wichtig, wie er Kevin finden konnte. Aufgrund der Durchsuchung in Seattle wußten sie, daß er wahrscheinlich mit einem Laptop und einem Handy arbeitete. Das FBI vermutete, daß er in der Gegend um Denver sei. Aber als sie checkten, von wo aus sich «gkremen» in seinen Account eingeloggt hatte, stellte sich heraus, daß er sich über POPs, lokale Points of Presence überall im Land, eingewählt hatte. Wie bei den meisten Internet-Providern kann man zu Netcom über die POPs mit einem Ortsgespräch hinein. Einige der «gkremen»-Anrufe kamen aus Minneapolis, andere aus Denver, aber die meisten waren von Raleigh, North Carolina, aus geführt worden.

Mit Hilfe des FBI erhielten sie eine Vollmacht für eine Fangschaltung auf der Raleigh-Nummer. Das nächste Mal, als Kevin anrief, konnten sie seinen Standort genau ausmachen – das Mobiltelefon-Netzwerk von Sprint in Raleigh. Als Tsutomu diese Nummer zurückrief, hörte er nur ein komisch klirrendes Geräusch, was bedeutete, daß Kevin irgendwelche Spielchen mit dem Switch veranstaltete.

9 Deputy Cunningham schenkte all diesen High-Tech-Manövern keine Beachtung. Am 9. Februar fuhren sie und Deputy Tyler wieder quer durch die Wüste nach Las Vegas. Sie hatten gehört, was in Seattle passiert war, und dachten sich, daß ein erneuter Bittgang zu Kevins Familie nicht schaden

könnte. Wenn irgend jemand wußte, wie man an Kevin rankommen könnte, dann Reba und Shelly, glaubten sie.

Sie beschlossen, zuerst bei Reba vorbeizufahren, weil es auf dem Weg zu Shelly lag. Sie kündigten ihren Besuch nicht an, sie standen einfach vor Rebas Haus. Cunningham lugte durch die Fenster neben der vorderen Tür. Sie konnte bis in die Küche hineinschauen, wo drei Personen an einem Tisch saßen. Sie erkannte Reba und Shelly, aber die dritte Person war eindeutig ein Mann. Lange Haare und ziemlich stämmig – wie ein Blitz fuhr es durch Cunninghams Kopf – Kevin? Sie lugte zu Tyler rüber – der dachte dasselbe.

Tyler klopfte an. Shelly öffnete die Tür. Sie erkannte Tyler und Cunningham sofort, und ihre Miene verdüsterte sich. Aber zu Cunninghams großer Überraschung benahm sie sich diesmal etwas zivilisierter. Sie bat sie ins Haus hinein, und bald gesellte sich auch Reba zu ihnen. Tyler beobachtete den Typen am Tisch – er bewegte sich nicht, versuchte nicht zu fliehen. Es war nicht Kevin.

Cunningham startete dann ihren wohlüberlegten Coup: Kevin ritt sich immer mehr in die Scheiße. Wenn er wegen irgendeines anderen Delikts geschnappt würde, wäre er wirklich in ernsthaften Schwierigkeiten. Wenn sie ihn nur wegen Verletzung der Bewährungsauflagen drankriegten, wäre es keine große Sache. Sie erzählte Reba und Shelly, was in Seattle passiert war und wie nah er der Verhaftung gewesen war. Sie argumentierte kraftvoll und leidenschaftlich, daß Kevin sich stellen sollte. «Ich weiß, daß das nicht einfach ist, aber für ihn ist es wirklich das Beste.»

Shelly schien ihr diesmal mehr zuzuhören. «Es liegt nicht in unserer Hand», sagte sie bedauernd.

«Wie meinen Sie das?»

«Es liegt nicht in unserer Hand», wiederholte sie.

Als Cunningham insistierte, sagte Shelly nur: «Im Moment steht er nicht besonders auf uns.»

Reba hatte ihr Schweigen vom letzten Mal aufgegeben. Sie gab ganz offen zu, daß sie es ihnen nicht sagen würde, wenn sich Kevin oben im Schlafzimmer versteckt hielte.

Trotzdem war es eine herzliche Begegnung, freundlich und unspektakulär. Vielleicht hatten sich Kevins Mutter und seine Großmutter damit abgefunden, daß sie nichts tun konnten, um Kevin zu retten, oder sie waren einfach nur in guter Stimmung. Bevor sie das Haus verließen, ging Tyler noch mal ins Bad. Reba bot ihnen Mineralwasser für unterwegs an, und Shelly empfahl ihnen, in ein Casino namens Rio zu gehen, bevor sie nach L. A. zurückführen. «Es hat das beste Buffet der Stadt.»
Cunningham und Tyler folgten dem Rat, obwohl das Rio weitab vom Weg lag, aber Shelly hatte recht – das Essen war sehr gut.

Zum gleichen Zeitpunkt, als Cunningham und Tyler aus Las Vegas wegfuhren, bekam Dwayne Rathe, ein Ermittler in der Zentrale von Sprint in Chicago, einen Anruf von Special Agent Levord Burns vom FBI. Burns erzählte Rathe, daß er Sprints Hilfe beim Fangen eines Hackers brauche, der ihrer Vermutung nach in der Gegend um Raleigh mit einem manipulierten Handy auf Sprints Netzwerk sein Unwesen treiben würde. Rathe bot seine Hilfe an und rief die Sprint-Filiale in Raleigh an, um die Sache nachzuprüfen. Aber weil Sonnabend war, konnte er niemanden erreichen. Der Anruf wurde automatisch zu Jim Murphy weitergestellt, der zufällig den technischen Notdienst hatte.

Für Tsutomu und das FBI war das ein glücklicher Umstand. Murphy ist ein dicker, humorvoller, emsiger Mittdreißiger aus Minnesota, der seit 1979 im Telefongeschäft arbeitet – den prähistorischen Zeiten dieses sich rapide verändernden Business. Er hatte seine Ausbildung beim Militär erhalten, wo er mit Mikrowellensendern arbeitete, und ging dann zu diversen Telefongesellschaften. Zu Sprint kam er 1993 als Switch-Techniker, das heißt, er hat den Überblick und die Kontrolle über die Zentralcomputer und die Monitore, die alle Sprint-Anrufe der Region aufzeichnen. Er weiß alles, was es über Telefone und was damit zusammenhängt zu wissen gibt. Und er weiß, wie so jemand wie Kevin vorgehen würde, um das System zu schlagen.
Rathe unterrichtete Murphy über die Sachlage, daß das FBI

hinter einem Hacker her sei, von dem sie glaubten, er operiere über Sprints Netzwerk. Daß sie von Sprint die Bestätigung haben wollten, daß über deren Zentrale in Raleigh mit einer bestimmten Nummer telefoniert worden war, und ob Sprint rauskriegen könnte, von wo der Anruf kam. Also rief Murphy Levord Burns an, der immer noch im FBI-Headquarter in Quantico, Virginia, saß. Burns gab ihm die Nummer, von der sie glaubten, daß Kevin sie benutze, und bat Murphy herauszufinden, ob auf dieser Nummer irgendwelche Aktivitäten verzeichnet waren. Gegen 17 Uhr fuhr Murphy dann in sein Büro beim Sprint-Switch nach Garner, außerhalb von Raleigh.

Das Wort «Switch» geht auf die Zeit zurück, als die Gespräche noch mechanisch an Umschalttafeln vermittelt wurden. Heutzutage sind alle Telefongesellschaften computerisiert, aber den Terminus gibt es immer noch. Das Switchen besorgt jetzt ein zentralisierter Computer, der alle Anrufe einer bestimmten Region zu ihrem Bestimmungsort führt, seien es Orts- oder Ferngespräche. Der Sprint-Switch in Garner, einer von vielen Sprint-Stellen in North Carolina, liegt in einer mysteriösen, geisterhaften Schneise inmitten eines Hains von Pinien und Pappeln, direkt hinter einer Shopping Mall von der Größe Rhode Islands. Er ist wie ein Hochofen gebaut und von einem Maschendrahtzaun umzogen. Auf dem Dach des Gebäudes ragt wie ein riesiges Horn ein langer Metallturm in den Himmel. An seiner Spitze blinken viele rote Lichter als Warnsignal für den Flugverkehr. Drinnen sind viele kleine Büroräume, und in einem davon ist der Switch.

An diesem Abend verbrachte Murphy vier Stunden damit, über die Listen der Sprint-Anrufe zu gehen, aber er fand nichts. Er versuchte es über die einzelnen Wählernummern, aber das gab nichts her. Er ging die Liste der Sprint-Kunden durch, aber niemand tauchte auf, der diese Nummer hatte. Als er schon aufgeben wollte, machte er noch mal die Gegenprobe: vielleicht waren die Anrufe ja von Sprint rausgegangen und nicht reingekommen, und da hatte er es! Und dann entdeckte er noch etwas Komisches – es war überhaupt kein Handy-Anruf. Er kam von einem ganz normalen Telefon und ging an ein ganz normales Telefon. Sehr seltsam. Dies sollte doch ein Netzwerk für Mobiltelefone sein – die Anrufe, die von dem Switch in Raleigh getätigt wurden, kamen entweder von einem Handy und gingen auf ein normales Telefon oder umgekehrt.

So etwas hatte Murphy noch nicht erlebt.

Es war schon spät, gegen 22.30 Uhr vielleicht, als Murphy sich auf den Heimweg machte. Auf dem Weg rief er Burns an und erzählte ihm, was er rausgefunden hatte. Er entwickelte jede Menge Szenarios, wie es gewesen sein könnte – die meisten davon hatten mit einem Eindringen in den lokalen Switch von GTE zu tun und daß man deren Routing durcheinandergebracht hatte. Die technischen Details waren für Burns zu hoch. Er schlug vor, ihn später noch einmal anzurufen und eine Konferenzschaltung mit Tsutomu abzuhalten.

Murphy kam nach Hause, küßte seine Frau, schlang Rippchen hinunter und wartete auf die Telefonkonferenz. Burns wollte nicht weiter auf Murphys Handynummer über die Angelegenheit sprechen – er hatte offensichtlich die Befürchtung, daß Kevin irgendwie mithören könnte. Also schickte er Murphy zu einem öffentlichen Telefon, damit er ihn von dort aus anriefe. Murphy stand in eisigem Wind an der Straßenecke und wartete nun darauf, daß alle zusammenkamen, aber die Komplexität einer Konferenzschaltung überforderte Burns ganz offensichtlich – sie klappte nicht. Daraufhin bot Murphy ihm an, ins Büro zurückzufahren, um das Gespräch von dort aus zu arrangieren.

Als endlich alle in der Leitung hingen, war es Mitternacht geworden. Sie sprachen eine Weile über die verschiedenen Möglichkeiten, mit denen Kevin (obwohl Murphy diesen Namen überhaupt nicht kannte) das Telefonnetz manipuliert haben könnte. Murphy kam erneut mit seiner Idee, daß die ganze Sache über die lokale GTE gelaufen sein könnte.

«Was weiß denn der Kerl?» fragte er. «Wie gut ist er?»

«Oh, er ist der Beste», antwortete Tsutomu. «Er kennt das Switch wahrscheinlich besser als die GTE-Leute selbst.»

177

«Okay, wenn ich das machen wollte, was der Kerl tut, dann würde ich so vorgehen», sagte Murphy und beschrieb ihnen folgendes Szenario: Vielleicht war er bei GTE eingedrungen und hatte die Falschwahleinrichtung manipuliert. Und zwar so, daß er eine nichtexistierende Nummer anwählte, und statt der Ansage «kein Anschluß unter dieser Nummer» leitete der Switch den Anruf zu einem lokalen Internet-Provider. Eine abgefahrene Idee, aber sie konnte erklären, warum der Anruf sowohl von einem festinstallierten Telefon ausging wie auch bei einem ankam.

Tsutomu hielt die Idee durchaus für denkbar. Es half ihnen nur im Moment nicht viel. Sie hatten immer noch keine ausreichenden Beweise dafür, daß sich Kevin in der Gegend um Raleigh aufhielt.

«Was könnten Sie noch rauskriegen?» fragte Tsutomu.

«Na ja, wenn Sie noch irgendwelche anderen Nummern haben, die er möglicherweise gewählt hat, könnte ich die auch überprüfen», sagte Murphy.

Also gab ihm Tsutomu jede Menge Nummern, meistens Internet-Zugangspunkte, von denen er annahm, daß Kevin sie angewählt hatte. Es waren alles Nummern von außerhalb: Denver, Seattle und viele in Minneapolis. Murphy ging sie checken. Nach einer halben Stunde hatte er sie gefunden. Kevin hatte offensichtlich seine Ortsgespräche zu verschleiern versucht, indem er sie über große Distanzen anwählte. Aber nachdem Murphy einmal die Anrufe gefunden hatte, war es ihm ein leichtes, die Handynummer herauszukriegen, von der aus die Anrufe eigentlich erfolgt waren. Es war derselbe Prozeß, den Young und Pazaski in Seattle exerziert hatten – finde die Stelle, wo die Anrufe auflaufen, und sie geben dir einen grundsätzlichen Hinweis darauf, wo der Anrufer sitzt.

Murphy rief Tsutomu wieder an und sagte: «Er ist hier.»

Ein paar Stunden später klingelte bei Deputy Cunningham das Telefon. Es war 3.30 Uhr, Sonntag morgen, der 12. Februar. Tsutomu war dran. «Wir haben Kevin in Raleigh ausgemacht.» Er klang gehetzt, nahezu durchgedreht. Er sagte, er würde um 9.20 einen Flug nach North Carolina nehmen. Und er erwartete von ihr, daß sie einen Deputy des U. S. Marshals Office instruiere, ihn am Flughafen zu treffen. Dieser Deputy solle auf jeden Fall einen Trigger Fish mitbringen, eines der modernsten Geräte zum Aufspüren von Funktelefonen, so daß sie sich sofort auf Kevins Spur machen könnten.

Cunningham starrte auf ihren Wecker – *es war Sonntag morgen um halb vier – war der bekloppt?* Sie waren nicht hinter Manuel Noriega her, sondern hinter einem Computerpunk!

«Ich kann das frühestens Montagmorgen arrangieren», sagte sie. Tsutomu wurde sauer. Bis Montagmorgen konnte er nicht warten.

Cunningham sagte, sie würde sehen, was sich machen ließe. Später ging sie dann in ihr Büro und führte ein paar Telefonate. Sie rief Kathleen Carson an, eine FBI-Agentin, die über die Sache Bescheid wußte. «Keine Sorge, das kriegen wir hin», beruhigte Carson sie.

10

Etwa zur gleichen Zeit, als Tsutomu in Kalifornien seinen Flieger nach Raleigh bestieg, kam Joe Orsak, einer der leitenden Wartungsingenieure bei Sprint, von der Kirche nach Hause. Orsak lebt in Holly Springs, einer kleinen Stadt außerhalb von Raleigh. Er ist 32 Jahre alt, ein gemütlicher, gutgelaunter Kerl mit Brille und kurzem braunem Haar. Er sieht aus wie der Sohn eines höheren Militäroffiziers, was er auch ist. Als das Telefon klingelte, war er gerade draußen mit seinem Gartenschlauch zugange, um seinem 91er Chevy eine Wäsche zu verpassen. Wie die meisten Techniker pflegte Orsak seine Maschinen sehr liebevoll.

Der Anruf kam von Orsaks Boss, Gordon Fonville, Supervisor vom Sprint-Netzwerk. Orsak überraschte das nicht. Er bekam öfter Anrufe zu den unpassendsten Zeiten, zum Beispiel gerade dann, wenn er seinen Chevy beladen wollte, um fischen zu gehen.

Ganz anders als sein Kumpel Jim Murphy, der einen Schreibtischjob hat, ist Orsak ständig auf Achse. Sein Job ist es, das Netz auf seinem Leistungsstand zu halten. Wenn ein Blitz in einen Funkmast einschlägt, ist Orsak derjenige, der rausfährt und die Sache in Ordnung bringt.

Aber diesmal rief Fonville nicht wegen eines Blitzschlags an. «Wir haben da einen Betrüger am Werk», sagte Fonville und erklärte Orsak kurz, worum es ging. Daß Tsutomu aus Kalifornien eingeflogen kam und das FBI involviert sei. Und daß Orsak mit Tsutomu zusammenarbeiten sollte, um den Kerl dingfest zu machen. Fonville nannte Kevin nicht beim Namen, aber er deutete an, daß es sich um einen notorischen Hacker handelte. Ein Hacker? Orsak wußte nicht viel über Hacker. Er hatte davon gehört und wußte, was sie tun konnten, aber er hatte niemals zuvor einen aufgespürt.

Aber immerhin war er schon einmal auf «Fuchsjagd» gewesen – so nannten die Kurzwellenfreaks ein Spiel, bei dem ein Kurzwellenempfänger im Wald versteckt wurde und eine Gruppe von Funkern auszog, um ihn als erste zu finden. Orsak hatte schon oft bei so was mitgemacht, und ziemlich oft hatte er den «Fuchs» auch vor seinen Kumpels gefunden.

Einen Hacker zu finden konnte nicht viel schwieriger sein, dachte er.

Orsak wußte, daß es sich um eine Geheimoperation handelte. Er beschloß, seinen Privatwagen zu benutzen, statt mit dem Sprint-Transporter zu fahren, dessen aufgespritztes Logo meilenweit zu erkennen war. Er schnappte das Zeug, das er brauchte – Brieftasche, Pager, Handy, Laptop und den CellScope 2000, ein Suchgerät. Das war ungefähr die gleiche Ausstattung, mit der Young in Seattle unterwegs gewesen war.

Gegen zwei Uhr nachmittags war Orsak auf dem Weg. Nach Raleigh war es eine dreiviertel Stunde zu fahren. Den ersten Halt machte er in Murphys Switch in Garner. Er und Murphy sind Kneipenkumpel, haben das gleiche Alter und das gleiche enzyklopädische Wissen über Funktelefonnetze. Murphy ist der Bodenständigere von beiden – verheiratet, drei Kinder, Schreibtischjob –, aber man ahnt, daß sie aus demselben Holz geschnitzt sind.

Als Orsak eintraf, brachte ihn Murphy in der ganzen Geschichte gleich auf den Stand der Dinge. Er zeigte Orsak die Anrufslisten, und sie vermuteten beide, daß die Anrufe aus Sektor drei und vier vom Funkmast 19 in Raleigh ausgingen. Orsak kannte die Gegend sehr gut, er war oft dort draußen gewesen. Für Orsak war das Aufspüren eines Kriminellen etwas ganz Neues, während Murphy schon Erfahrung damit hatte. Neun Monate zuvor waren Murphy und ein Kollege über Anrufslisten gegangen und hatten eine ungewöhnlich hohe Anzahl von Anrufen eines Mobiltelefons aus Raleigh nach Kuweit, Pakistan, Ägypten, Sri Lanka, Nepal und Libanon registriert. Sprint informierte den Secret Service, der den Verdacht hatte, über einen «Call-Sell»-Ring gestolpert zu sein. Der von Sprint geschätzte Verlust durch erschlichene Gespräche betrug innerhalb von ein paar Tagen 300 000 Dollar – im Vergleich dazu: Kevin brauchte Monate, um in Seattle auf 15 000 Dollar zu kommen.

Murphy und ein paar andere Sprint-Techniker waren mit dem gleichen Equipment, das auch Orsak in seinem Chevy hatte, damals ziemlich schnell in der Lage gewesen, den Standort der Anrufe haargenau auszumachen. Sie kamen aus einem schäbigen, zweigeschossigen Haus in Knightsdale, am Rande von Raleigh. Es war ziemlich klar, was dort Sache war: keine Möbel und kaum Lebensmittel in der Küche. Im ersten Stock des Hauses fanden die Secret-Service-Agenten einen Pakistani, der nationale Gespräche mit einem Handy führte. Eine Treppe höher hielten sich noch zwei Pakistani mit siebzehn Handys, einem Computer und jeder Menge elektronischem Equipment auf. Sie bekamen alle Gefängnisstrafen wegen Betrugs. Der Secret Service ging davon aus, daß sie zu einem riesigen «Call-Sell»-Ring gehörten, der erschlichene Ferngespräche an Kunden in New York vermittelte.

Es war eine dramatische Festnahme, aber nicht der einzige High-Tech-Kriminalfall der letzten Monate in Raleigh. Im September 1994 hatte der Secret Service Ivy James Lay festgenommen, einen 29jährigen Switch-Ingenieur beim MCI-Headquarter in einem Vorort von Raleigh. Lay hatte eine spezielle Software in den zentralen Switch-Computer von MCI installiert, mit der er Telefonkartennummern stehlen konnte. Im Verlauf von einigen Monaten hatte er auf diese Weise 60000 Nummern gestohlen, die er für drei bis fünf Dollar pro Nummer verkaufte. Telefongesellschaften gaben den Verlust mit 28 Millionen Dollar an. Lays Anwalt handelte ihn auf die wahrscheinlichere Summe von sieben Millionen runter.

Die Verhaftung von Lay führte den Secret Service zu Max Louran, einem 22jährigen Mallorquiner, der mehrere tausend Nummern von Lay gekauft hatte. Sie nahmen an, daß er einem internationalen Hackerring angehöre, der die Telefongesellschaften um mehr als 140 Millionen Dollar geschädigt hatte. In einer Großfahndung nahmen FBI- und Secret-Service-Agenten Louran am Dulles Airport in Washington D.C. fest. Er wurde wegen verschiedener Fälle des Telekommunikationsbetrugs zu einer Entschädigungszahlung von einer Million Dollar verurteilt.

Alles in allem war dies einer der größten High-Tech-Fänge der Geschichte, bei dem Millionen von Dollar im Spiel waren, eine internationale Verflechtung, eine dramatische Festnahme und eine eindeutig kriminelle Intention. Was der Fall nicht hatte, das war eine mediale Verwertung. Es gab eine kleine Mitteilung in der *Washington Post*, zwei Sätze in *Newsweek* und einen Absatz auf der zweiten Seite des Wirtschaftsteils der *New York Times*.

11 Obwohl er ihn nie zuvor gesehen hatte, war es für Murphy kein Problem, Tsutomu am Flughafen von Raleigh gleich zu erkennen. Wie er angekündigt hatte, stand er am Telefoncenter des «American-Airline»-Terminals, und wie üblich telefonierte er natürlich. «Ich trage eine purpurfarbene Jacke», hatte er sich Murphy beschrieben, aber das wäre wirklich nicht notwendig gewesen. Es war mitten im Winter, und Tsutomu stand dort in Shorts, Sandalen und einem purpurfarbenen Jäckchen. Seine langen schwarzen Haare flossen herab, und über der Schulter hing sein großer Laptop – nicht gerade der ganz normale Touristenlook in Jesse-Helms-Land.

Orsak wartete draußen in Murphys Wagen. Murphy und Tsutomu sprangen hinein, und innerhalb von Sekunden informierte Tsutomu sie über alles, was vorging. Zum ersten Mal nannte er ihnen den Namen des Mannes, hinter dem sie her waren, daß es sich um einen Hacker handeln würde, der schon seit Jahren auf der Flucht sei, daß er in seinen eigenen und in die Computer von Freunden eingedrungen sei und daß sie ihn – komme, was da wolle – auf jeden Fall jetzt endlich schnappen würden. Orsak und Murphy kamen sich vor wie im Film der Woche. Sie kreisten eine Weile auf dem Parkplatz herum und lauschten den Gewehrsalven aus Tsutomus Mund. Schließlich hielten sie vor einem «Budget-Rent-a-Car»-Büro. Tsutomu stieg aus und mietete einen kleinen, sauberen Geo Prizm.

Tsutomu folgte Orsak und Murphy zurück zum Switch, das nun die Kommandozentrale der Operation sein sollte. Es war Sonntag nacht, die Straßen menschenleer, und der Parkplatz der Shopping Mall sah aus wie eine Asphaltwüste. Die Straßenlaternen tauchten alles in ein fahles Gelb. Am Eingang des Switch wartete FBI-Agent Lathell Thomas auf sie. Es war eine kalte Nacht und vollkommen still. Hoch über ihnen pulsierten langsam die roten Lichter des Sendemastes.

Murphy stieg aus und gab den Türcode ein. Orsak, Tsutomu und Agent Thomas fuhren hinein. Sie begrüßten sich und gingen in das Gebäude.

Agent Thomas, ein lokaler FBI-Mann, war weder Experte für Computer noch für Telefonhacker. Für Orsak stand dies vom ersten Moment an fest. Thomas hatte einen Aktenordner dabei: Fotos von Kevin, eine Personenbeschreibung, Kopien seiner Haftbefehle usw. In seinem schleppend-bluesigen North-Carolina-Akzent erklärte er ihnen die Grundregeln der Überwachung: keine Kreise fahren, weil es verdächtig aussieht, keine Handys benutzen, weil die Gespräche aufgefangen werden können, so unauffällig wie möglich agieren. Obwohl es der ganzen Situation einen aufregenden Kick gab, wußte doch jeder, daß sie sich nicht in echter Gefahr befanden. Mitnick war nicht gewalttätig. Das Schlimmste, was passieren konnte, war, daß er Wind von der Sache bekam und wieder verschwand.

Nachdem das Prozedere geklärt war, entschieden Tsutomu, Murphy und Orsak, daß es erst mal am besten sei, sie führen zu dem Sendemast, bei dem die meisten von Kevins Anrufen angekommen waren. Er war 12 Meilen nördlich von Raleigh, und Murphy sollte im Switch bleiben, um zu sehen, was sich dort tat.

Also fuhren Tsutomu und Orsak mit dem Blazer quer durch die Stadt, gefolgt von Agent Thomas, der eine Weile in der Nähe bleiben wollte, um sicherzugehen, daß alles okay lief. Auf dem Weg unterhielten sich Tsutomu und Orsak über ihre Schulzeit. Orsak hatte an der North Carolina State seinen Abschluß in Elektrotechnik gemacht und war dort jetzt Tutor für Design und Wartung von Funktelefonsystemen. Tsutomu plauderte ein wenig über Caltech, aber er war zu nervös und zappelig.

Orsak hielt an der BP-Station gegenüber der «Crabtree-Valley»-Mall – es war gegen 23 Uhr. Er tankte und legte einen Essensvorrat an: Erdnüsse, Crackers, Doritos, Cola. Und für Tsutomu ganz viel Limonade.

Wie die meisten Sendemasten stand dieser auf einem Hügel, ungefähr zwei Meilen von den Player's-Club-Apartments entfernt. Orsak fuhr die Glenwood Avenue runter und bog dann rechts in die Hilben Street ab. Die Straße war dunkel (keine Laternen), waldartig und einsam. Er fuhr an ein paar Lagerhäusern, der Baustelle eines Postamts vorbei und dann hinter einem großen Lagerhaus in eine Einfahrt hinein und parkte den Wagen neben einem Maschendrahtzaun. Agent Thomas parkte seinen Wagen in der Nähe. Direkt über ihnen ragte Sprints Sendemast Nr. 19 über hundert Meter hoch in den Himmel. Orsak stieg aus und schloß den Zaun um den Sendemast herum auf. Dahinter war ein Gebäude, so groß wie eine Garage für zwei Autos. Während sich Tsutomu mit Agent Thomas unterhielt, ging Orsak hinein und stöpselte seinen Laptop so in die Anlage, daß er alle Kanäle scannen konnte, die auf den Sendemast zuliefen. Dann konnten sie nur noch warten. Und lauschen. Als der Scanner so über die Kanäle huschte, schnappten sie lauter Gesprächsfetzen auf, etwa von jemandem, der gerade angesäuselt aus einer Bar kam und auf dem Heimweg war und entweder Küsse oder Beschimpfungen an seine Frau oder Freundin verteilte.

Warten liegt Tsutomu nicht besonders. Nervös tigerte er in dem kleinen Raum auf und ab. Er wollte die Sache jetzt hinter sich bringen. Er bedrängte Agent Thomas, noch mehr Agenten anzufordern, damit sie Kevin sofort schnappen könnten, wenn sie seine Spur hätten. Wie Orsak sagt, hatte Tsutomu Furcht, daß Kevin ihnen wieder durch die Lappen gehen könnte. Für den Augenblick, in dem sie ihn aufgespürt haben würden, wollte Tsutomu ein Agententeam haben, das seine Tür eintreten und ihn verhaften konnte. Er hatte Angst davor, daß Kevin mitkriegte, was da vor sich ging, und ruhmreich verschwand. Es war immer die Furcht davor, daß Kevin bei WELL oder Netcom Dateien löschen und Informationen zerstören könnte. Kevin hatte dies niemals zuvor getan, aber wenn er wüßte, wie nah sie ihm auf den Fersen waren, wenn er wüßte, daß er kurz davor war, ins Gefängnis zu gehen – wer weiß, was ihm dann einfallen würde?

Orsak wußte nicht so recht, ob diese Spekulationen auf Realität oder Paranoia beruhten. Ihm schien Tsutomu einfach nicht vertraut damit zu sein, wie die Gesetze funktionieren. Daß man

zum Beispiel einen Haftbefehl brauchte, schien er gar nicht zu wissen.
Agent Thomas reagierte sehr taktvoll auf Tsutomus Besorgnis. «Ja, morgen kommen die Experten aus Quantico», sagte er. «Ich glaube, es ist am besten, wenn wir jede Entscheidung bis dahin vertagen.»
Tsutomu rauchte. Um irgendwie beschäftigt zu sein, machten er und Orsak eine Fahrt mit dem Blazer und testeten die Ausrüstung. Als sie etwa eine halbe Stunde später zum Sendemast zurückkamen, war Agent Thomas schon gegangen. Orsak überraschte das nicht. Thomas schien sowieso nicht allzu begeistert davon gewesen zu sein, an einem Sonntag abend hier draußen zu sein, und hatte schon vorher dauernd am Telefon gehangen, um einen Ersatzmann für sich zu finden. Offensichtlich war er nicht erfolgreich gewesen.

Beim Mast konnten Tsutomu und Orsak ein normales Telefon benutzen, ohne daß Kevin sie mit einem Scanner abhören konnte. (Später stellte sich heraus, daß er gar keinen hatte.) Orsak rief Murphy im Switch an und Tsutomu seine Leute in Kalifornien, unter anderem Ken Walker, einen US-Staatsanwalt, der dort eng mit Tsutomu an dem Fall gearbeitet hat und ein Freund von Markoff ist. Wie Orsak bei dem Gespräch mitbekam, bedrängte Tsutomu Walker, sich vom FBI einen Haftbefehl ausstellen zu lassen.
Kurz nach Mitternacht bekam Tsutomu einen Anruf auf seinem Pager. Es war Markoff, der vom Flughafen aus anrief. Tsutomu rief ihn zurück, erklärte ihm, was sie vorhatten, und dann beschrieb Orsak ihm den Weg zum Sendemast. Tsutomu und Orsak warteten auf Markoff und lauschten auf den Scanner in der Hoffnung, daß er das Geräusch eines Modems oder irgendeinen anderen Hinweis auf Kevins Aktivitäten auffangen würde. Da knisterte eine Stimme über den Äther.
«Ich glaube, wir haben da etwas», sagte Orsak hoffnungsvoll.
Es war ein Gespräch zwischen zwei Männern, einer von ihnen mit leichtem Long-Island-Akzent. Ihr Gespräch vermittelte kei-

nerlei Hektik – sie sprachen vor allem über das Wetter. Die Nebengeräusche machten es schwierig, alles zu verstehen. Aber nach kurzer Zeit fiel der Name «Fiber Optic». «Das ist er!» rief Tsutomu aus. «Das ist Kevin!» Sie sprangen in den Blazer und rasten den Hügel hinunter. Auf der Fahrt kamen ihnen Scheinwerfer entgegen – es war Markoff. Orsak ließ seine Fernlichter aufblitzen. Markoff fuhr seinen Geo Prizm (der mit dem Leihwagen von Tsutomu zufälligerweise fast identisch war) an den Straßenrand, hielt und sprang in den Blazer. Kevins Stimme knisterte noch immer aus den Lautsprechern. Laut Orsak konnten Tsutomu und Markoff ziemlich schnell die zweite Stimme – die mit dem Long-Island-Akzent – als diejenige von Eric Corley alias Emmanuel Goldstein erkennen, dem Herausgeber von *2600: The Hacker Quarterly.*

Die nächste halbe Stunde war voller Anspannung. Orsak und Tsutomu konnten das Signal nur so lange zurückverfolgen, wie Kevin in der Leitung blieb... er konnte jede Sekunde auflegen. Orsak fuhr den Hügel hinunter zurück auf die Glenwood Avenue, während Tsutomu den Signalmesser im Auge behielt. Sie bogen rechts ab und entfernten sich dabei von Downtown Raleigh. Sie mußten nicht weit fahren, um zu erkennen, daß das Signal schwächer wurde. Rasch machte Orsak eine Kehrtwende, fuhr den Weg wieder zurück, an Circuit City und McDonald's vorbei... das Signal wurde wieder stärker.

Sie erreichten die Kreuzung Duraleigh Road, bogen nach rechts ab, eine kleine zweispurige Straße runter. Die Signalstärke nahm zu... Wie lange würde die Leitung noch stehen? Sie konnten nicht so richtig an ihr Glück glauben. Tsutomu war total nervös und hatte Angst, daß sie entdeckt würden. Sie fuhren die Duraleigh Road eine viertel Meile runter, an einem Einkaufszentrum und einer Apartmenthausreihe vorbei Richtung Wald... das Signal wurde wieder schwächer. Orsak drehte um... die Leitung stand noch... sie fuhren langsamer, das Signal wurde stärker, je näher sie den Apartmentkomplexen auf der linken Seite kamen. Sie bogen in den Parkplatz des ersten Komplexes ein, die Signalstärke schwand. Das konnte es nicht sein. Sie fuhren zurück auf die Duraleigh Road, bogen links ab, näherten sich dem Player's-Club-Apartmentkomplex. Tsutomu zitterte geradezu vor Angst. Was, wenn Kevin gerade aus dem Fenster guckte? Was, wenn er sie im letzten Moment sichten und fliehen würde? Orsak bot nach links in die Zufahrt, die Signalstärke war jetzt auf dem Maximum. Hier mußte es sein. Das Problem war nun, daß ein Signal, das aus einem solchen Komplex kommt, unglaublich schwierig zurückzuverfolgen ist. Es gab über 30 separate Gebäude in diesem Komplex, ein Handy-Signal konnte rundherum überall abprallen, was eine präzise Ortung unglaublich erschwerte.

Aber sie wollten es auf Teufel komm raus versuchen. Um nicht gesehen zu werden, fuhren sie auf das Gelände des Einkaufszentrums. Dort schalteten sie die Scheinwerfer aus und warteten darauf, daß Kevin seine Telefonate, die mittlerweile aufgehört hatten, wieder fortführen würde. Ein unheimlicher und einsamer Ort.

Orsak amüsierte sich über Tsutomu. Gerade war er noch so aufgedreht und nervös gewesen, und dann – aus heiterem Himmel – war er schnarchend weggetreten! Sie versuchten, sich mit Schlafen und Scanner-Beobachtung abzuwechseln. Sie leerten die Colas und Limonaden – niemand trank Kaffee. Sie sprachen über Kevins Heldentaten, und Tsutomu erzählte mit Bitterkeit von der Datei mit dem Namen «japboy», die man bei WELL gefunden hatte.

Im Verlauf dieser und anderer Gespräche erwähnte Markoff mit keinem Wort, daß er Journalist sei und die Story lancieren wolle. Auch Tsutomu sagte nichts darüber. Es war nichts weiter dabei – Orsak vermutete einfach, er sei jemand aus Tsutomus Team. Wie Orsak sagt, stellte Markoff eine Million Fragen und schien überraschend gut über die Details der Mobilfunk-Technologie Bescheid zu wissen. Einmal hörte er sie darüber sprechen, ob Markoff am nächsten Abend an einem Essen teilnehmen sollte, das mit Levord Burns, der vom Hauptquartier in Quantico, Virginia, anreiste, verabredet worden war. Markoff hatte offenbar die Befürchtung, daß das FBI über seine Anwesenheit nicht sehr erfreut sein würde. Tsutomu schlug vor, er solle einfach still sein und nicht zuviel fragen, dann wäre alles kein Problem.

Technisch gesehen ist das Aufspüren eines Mobiltelefons keine große Herausforderung. Tatsächlich gab es gar keinen Grund für Tsutomus Anwesenheit, abgesehen von seiner Befriedigung dabeizusein, wenn Kevin geschnappt würde. Er war eindeutig besessen von dieser Geschichte. Außer seinem SPARC-Portable hatte er seinen kleinen Hewlett-Packard-Palmtop dabei, den er an sein OKI-Mobiltelefon angeschlossen hatte (es war derselbe Aufbau, den er ein paar Wochen zuvor Larry Smarr demonstriert hatte). Während Orsak die Kanäle mit seinem Equipment scannte, tat Tsutomu dasselbe mit seinem Laptop. Es war überhaupt nicht notwendig, Orsak hatte die ganze Sache alleine völlig im Griff, aber ihn störte das nicht. Irgendwie mochte er Tsutomu – er war ein komischer Kauz, aber ein extrem intelligentes Wesen –, und Orsak war froh über seine Gesellschaft.

Die drei machten zahlreiche Ausflüge, um Kevins genauen Standort zu bestimmen. Tsutomu hatte immer noch Angst, daß sie gesehen würden. So nahmen sie auch mal Markoffs Wagen. Wenn Kevin aus dem Fenster gesehen hätte, wäre es ihm wenigstens nicht verdächtig vorgekommen, daß draußen dauernd ein Chevy Blazer vorbeifuhr.

Die Anrufe kamen und gingen, manchmal zu kurz, als daß sie sie klar erkennen konnten. Sie verbrachten eine Menge Zeit damit, im Dunkeln zu sitzen und zu warten.

Die Anrufe setzten sich bis gegen 5 Uhr morgens fort. Bis dahin hatten sie Kevins Standort in einem der Gebäude am südöstlichen Rand des Player's-Club-Komplexes lokalisiert. In diesem Haus waren vier Apartments. Unmöglich, genau festzustellen, aus welchem die Anrufe geführt wurden. Dafür brauchten sie präziseres Equipment, das nur das FBI besaß.

Mittlerweile war es 6 Uhr, kurz vor Sonnenaufgang, als die Anrufe endlich aufhörten. Orsak hing noch bis 9 Uhr rum, immer noch high von der aufregenden Nacht. Dann merkte er, daß die Leute zur Arbeit kamen und daß es für ihn Zeit war, nach Hause zu gehen und ein bißchen zu schlafen. Er fuhr durch die Tabakfelder und Pinienwälder heim und fiel erschöpft ins Bett.

12

Am folgenden Abend trafen sich alle zur Lagebesprechung im Ragazzi's, einem italienisch gestylten Restaurant, etwa eine halbe Meile vom Sprint-Switch in Garner entfernt. Es war eines dieser aufgebrezelten Dinger mit Türgriffen in Form von Chiantikrügen, offenem Kamin und Bündeln von Knoblauch und getrockneten Chilischoten, die als Dekoration von der Wand hingen. Tsutomu und Markoff waren da, wie auch Tsutomus Freundin Julia Menapace, die am Vormittag angekommen war, Orsak, Jim Murphy und ein dritter Techniker von Sprint. Auch Agent Burns war bereits nachmittags aus Quantico angereist.

Es war zum einen ein gemütliches Beisammensein, zum anderen eine Strategiediskussion. Nach zwei Jahren schien die Suche nach Kevin endlich ihrem Ende zuzugehen. Die Gespräche drehten sich zunächst um Kevins Vergangenheit, was er alles getan hatte, was ihn motivierte und wie smart er war. Orsak, der zwischen Murphy und Burns saß, stellte fest, daß Burns einen hübschen italienischen Anzug trug. Ein Klasse-Typ, dachte er. Obwohl Burns durchaus an Kevins Festnahme interessiert war, benahm er sich doch nicht so, als seien sie gerade dabei, Al Capone zu schnappen. Burns bemerkte sogar gegenüber Orsak, daß Kevin als Hacker mehr für seine Penetranz als für irgend etwas anderes bekannt war. Orsak schien es so, als seien sie einfach hier, um ihren Job zu tun, und das war's.

Am anderen Ende der Tafel saß Markoff, der sich im Gegensatz zum Vorabend und seinen Millionen Fragen sehr zusammennahm. Tsutomu hatte ihn lediglich mit Namen vorgestellt und nicht gesagt, daß er Reporter der *New York Times* war. Markoff sagte auch nichts weiter darüber, und für Orsak und Murphy war er immer noch jemand, der für Tsutomu arbeitete.

Aus Markoffs Sicht war diese Verschlossenheit ein verständliches Manövrieren. Journalisten (mich eingeschlossen) machen so etwas andauernd. Seit Jahren war er an dieser Geschichte dran, und nun konnte er ihr Ende von einem Sitz in der ersten Reihe aus verfolgen. Wer hätte darauf verzichtet? Trotzdem war es ein unverschämter Schachzug. Burns war kein Gauner von Atlantic City, er war nicht korrupt – er war das FBI. Grundsätzlich würde er sich in Anwesenheit eines Journalisten sicher anders verhalten haben als in dieser Situation, die er für eine private Konversation hielt.

Außerdem entbehrte es nicht einer gewissen Ironie. Eine von Kevins Schandtaten war das Durchschnüffeln von Markoffs privater E-Mail gewesen. Sicherlich eine Verletzung seiner Privatsphäre. Aber nicht so verschieden von dem, was Markoff jetzt tat, indem er bei diesem privaten Dinner mit dem FBI saß.

Das Dinner dauerte über eine Stunde, und Markoff überstand es lebend. Dann war es Zeit, Kevin zu finden.

Wenig später trafen sich alle vor dem Switch. Zwei Mobilfunk-Experten des FBI kamen dazu. Sie hatten einen ganzen Kombi mit beeindruckender Ausrüstung dabei, darunter war auch ein Trigger Fish. Tsutomu machte sich sofort mit Murphy an die Arbeit, die letzten Anrufsaufzeichnungen zu überprüfen. Orsak, der Hardware-Junkie, beschäftigte sich mit den FBI-Gerätschaften zum Aufspüren von Funksignalen.

Statt Orsaks Chevy zu benutzen, der möglicherweise zu auffällig wäre, fuhren sie in dem Dodge Caravan eines anderen Sprint-Technikers – ein bärtiger, freakiger Typ namens Fred (seinen Nachnamen möchte er nicht erwähnt haben). Es war der perfekte Tarnwagen – innen geräumig, unverdächtig von außen. Sie brauchten eine halbe Stunde, um den Trigger Fish im Heck des Wagens aufzubauen und verschiedene Richtungsantennen auf dem Dach zu installieren.

Als sie fertig waren, sorgte sich Tsutomu. Mit den Antennen auf dem Dach hätten sie auch gleich des Rätsels Lösung preisgeben oder ein großes Neonschild anbringen können: «Kevin, wir kommen!» Aber wie sollten sie es anders machen? Ohne die Antennen war der Trigger Fish nutzlos. Jemand kam auf die glorreiche Idee, sie zu tarnen. Murphy holte von drinnen einen Karton Glühbirnen, und mit Klebestreifen und Schnur befestigte er sie über den Antennen auf dem Wagendach. Jetzt sah es zwar ulkig, aber nicht wirklich alarmierend für jemanden wie Kevin aus. Und mit so einem flippigen Typen wie Fred am Steuer mußte es einfach so aussehen, als ob ein Deadhead zum Campen fuhr.

Sie verließen das Switch gegen 23 Uhr. Burns und Orsak nahmen Tsutomus Auto, während die beiden FBI-Techniker mit Fred im Dodge Caravan fuhren. Tsutomu und Markoff blieben bei Murphy, um vom Switch aus ein Auge auf Kevins Aktivitäten zu haben.

Auf der vierzigminütigen Fahrt zum Player's Club schwatzte Fred mit den zwei Technikern und erwähnte nebenbei, daß Tsutomus Freund John Markoff für die *New York Times* arbeite und Co-Autor des Buchs *Cyberpunk* über Kevin sei. Er war darüber informiert, weil Markoff ihm kurze Zeit nach dem Essen im Ragazzi's seine Visitenkarte gegeben hatte. Und Fred erkannte den Namen wieder. Ach, tatsächlich?

Kurze Zeit später rief einer der FBI-Agenten bei Tsutomu im Switch an und fragte ziemlich unmißverständlich, wer zum Teufel Markoff sei und was er hier mache. Tsutomu wollte mit mir nicht über dieses Gespräch reden, aber Murphy, der daneben saß, sagt, er sei dem Anrufer gegenüber ganz offen gewesen. Er sagte dem Agenten, er habe von Kent Walker ein Okay bekommen, Markoff mitzubringen.

Auf das FBI – besonders auch auf Levord Burns – schien das keinen Eindruck gemacht zu haben. Wie Murphy und Orsak berichten, war es gar nicht allein die Tatsache, daß Markoff nichts über sein professionelles Interesse erzählt oder mit dem Vertrauen eines FBI-Agenten gespielt hatte. Viel eher befürchtete Burns offenbar, daß Markoff Kevin einen Tip geben und ihn in letzter Minute zur Flucht veranlassen könnte. Damit wäre für ein besseres letztes Kapitel des Buches gesorgt, von dem inzwischen alle wußten, daß es geschrieben würde. Eine abenteuerliche Idee, fürwahr. Aber Burns war der verantwortliche Mann in den entscheidenden Momenten einer aufwendigen Festnahme – er hatte ein Recht darauf, entsetzlich nervös zu sein.

Markoff kämpfte erst gar nicht. «Ich glaub, ich geh zurück zum Hotel», sagte er, nachdem Tsutomu aufgelegt hatte. Dann sammelte er seine Notizen zusammen und ging zum Sheraton, wo er und Tsutomu übernachteten. Er blieb über Telefon in Verbindung, aber bis zu Kevins Verhaftung außer Sichtweite.

Fred parkte den Wagen auf dem Parkplatz des Einkaufszentrums gegenüber dem Player's Club. Das einzige, was noch zu tun blieb, war, Kevins Apartment herauszufinden, einen Haftbefehl zu bekommen und dann reinzugehen. Anders als Tsutomu schien Burns überhaupt nicht in Eile zu sein. Er zog es vor, die Dinge Schritt für Schritt anzugehen, um sicher zu sein, daß sie auch klappten.

Zuerst brauchte er eine durchdachte Strategie für die Festnahme, danach die Billigung seiner Bosse, und dann zog er die Sache durch. Wenn er Sorgen hatte, daß Kevin Wind von der ganzen Sache kriegte und abhaute, dann bemerkte Orsak sie jedenfalls nicht.

Während sie sich auf dem Parkplatz fertig machten, teilte Murphy Orsak über Pager mit, auf welchem Kanal Kevin mit seinem geklonten Telefon war. Inzwischen war Kevin von Sprint zu CellularOne gewechselt. Murphy informierte CellularOne, die Anrufe zurückzuverfolgen und an Orsak weiterzugeben, der sie schließlich Burns meldete. Kevin hingegen, der dachte, daß er dem Gesetz immer eine Nasenlänge voraus sei, indem er die Handy-Netzbetreiber wechselte, wußte nicht, daß sie über jede seiner Aktivitäten Bescheid wußten.

Fred und die beiden Techniker vom FBI bekamen in ihrem Lieferwagen, mit dem sie das Gebäude umkreisten, nur das gleiche heraus, was Tsutomu und Orsak schon in der Nacht zuvor herausgefunden hatten – nämlich, daß Kevin irgendwo da drin sein mußte. Was sie brauchten, war eine andere Strategie. Fred fuhr über die Straße zurück zum Parkplatz, wo er aus Kevins Sichtweite war. Einer der Techniker sprang mit einer kleinen schwarzen Tasche aus dem Wagen. Sie beinhaltete die handliche Ausgabe eines Peilgeräts. Es war für Situationen wie diese entwickelt worden, in denen der große Trigger Fish zu unpraktisch und nicht präzise genug ist. Im wesentlichen ermöglicht dieses Gerät es einem FBI-Agenten, durch einen Flur zu gehen und Anrufe genau zu orten. So war es jedenfalls in der Theorie gedacht.

Der Techniker überquerte die Straße zum Player's Club, die Kameratasche über die Schulter gehängt. Leise ging er den Weg zu dem Apartment runter, in dem sie Kevin vermuteten. Durch das Beobachten der Anzeige auf dem Peilgerät hoffte er, Kevins Standort ein für allemal bestimmen zu können – ein schwieriges Unterfangen, selbst für einen so erfahrenen Techniker.

Gegen 2 Uhr trafen Fred und zwei Techniker wieder mit Orsak und Burns zusammen. Ihre Recherchen hatten ergeben, daß er sich in Apartment 107 oder 108 (ganz sicher waren sie nicht) des Hauses Nr. 4640 auf der nordwestlichen Seite befinden mußte.

Es war zu riskant, zu dieser frühen Morgenstunde noch länger dort herumzulaufen. Also beschlossen sie, die Sache erst mal abzublasen und morgen wiederzukommen.

13

«Die Ermittlung durch elektronische Messungen ergab, daß sich der wegen Eindringens in Computernetzwerke Verdächtige in Apartment 107 oder 108 des Player's Apartment Complex, 4640 Tournament Road, Raleigh, North Carolina, befindet», schrieb Agent Burns am Dienstag, den 14. Februar in seine eidesstattliche Erklärung. «Die Ermittlungen ergaben weiterhin, daß das Apartment 107 am 4. Februar 1995 von einem neuen Mieter bezogen wurde. Dies ist exakt das Datum, an dem die verdächtige Person ihre Operationen außerhalb von Raleigh begann. Das andere Apartment wurde von der Freundin des Immobilienmanagers gemietet, die nicht verdächtigt wird.»

Trotz ihrer Anstrengungen und des hochqualifizierten Equipments waren sie immer noch nicht in der Lage, genau festzustellen, in welchem Apartment Kevin sich befand. Tatsächlich waren sie noch nicht mal nahe dran. Das Haus 4640, das Burns in seiner Erklärung angab, lag genau auf der entgegengesetzten Seite von Haus 4540, wo Kevin wirklich wohnte. Burns hatte offensichtlich eine intelligente Vermutung geäußert, aber was, wenn sie falsch war? Was, wenn sie mit ihrem Haftbefehl in das falsche Apartment kamen, einen Riesenwirbel veranstalteten und Kevin dadurch aufschreckten? Aber wenn sie noch länger warteten, riskierten sie, daß Kevin irgend etwas mysteriös vorkam und er verschwand – sie wußten, daß dazu nicht viel gehörte. Ein fremdes Auto, eine Stimme über Handy, ein Geplätscher im Cyberspace.

Nun wurde die ganze Angelegenheit unübersichtlich. John Bowler, der U.S. Attorney in Raleigh, der den Fall bearbeitete, bat Richter Wallace W. Dixon, der in North Raleigh, 10 Minuten vom Player's Club entfernt, wohnte, sich für den kommenden Abend bereitzuhalten. Möglicherweise würden sie ihn für die Unterzeichnung von Durchsuchungs- und Haftbefehl in letzter Minute benötigen.

Währenddessen hingen Tsutomu und Menapace vor dem Einkaufszentrum gegenüber dem Eingang vom Player's Club herum. Murphy beobachtete die Aktivitäten vom Switch aus, und die Leute von CellularOne taten das gleiche. In Kalifornien beobachteten die Systemadministratoren des WELL nervös ihre Monitore. Beim Colorado Supernet und Netcom ebenso. Sie hätten keine Angst haben müssen. Bis zur allerletzten Minute hackte Kevin fröhlich in Markoffs E-Mail herum, ohne zu merken, wie sich das Netz um ihn zusammenzog.

Die große Frage für alle war, wie sich Kevin in dem Moment verhalten würde, wenn das FBI an seine Tür klopfte und klar wäre, daß er ins Gefängnis mußte. Tsutomu glaubte, daß er ausflippen würde. Niemand wußte genau, wie. Er hatte unter anderem Direktzugang zu WELL, Netcom und Colorado Supernet. Wenn er wollte, konnte er unglaublichen Schaden anrichten. Ein paar Tastenanschläge, und er konnte ganze Systeme zerstören. Alle Internet-Provider, die in die Jagd involviert waren, hatten Vorsichtsmaßnahmen getroffen. Sie hatten Sicherheitskopien ihrer Dateien gemacht und waren bereit, alles zuzumachen, wenn es so aussähe, als ob Kevin irgend etwas Gemeines tun würde. Sie konnten ihn nicht alle zusammen ausschließen, weil es ihn sofort gewarnt hätte. So blieb ihnen nichts anderes übrig, als ihr System rund um die Uhr zu beobachten und auf die Meldung von Kevins Festnahme zu warten.

Es gab noch andere Befürchtungen. Was, wenn sich Kevin mit einer noch raffinierteren Attacke auf das Internet selbst rächte? Was, wenn er einen tödlichen Virus gleichzeitig in Tausende von Computern brachte? Eine weithergeholte Idee, aber wer konnte sich da schon sicher sein? Wenn er ein Terrorist war und nur die totale Verwüstung im Kopf hatte, war es schon möglich, daß er sich für die letzte Minute irgendeine Inszenierung des Jüngsten Gerichts vorbehalten hatte, die sich nicht mehr aufhalten ließ, so etwas wie eine große Abrißbirne, die durchs elektronische Universum schwang. Sein Abschiedsgeschenk, eine Auf-Wiedersehn-Bombe.

Nicht alle hatten Ängste technologischer Art. Kevins Angst davor, zurück ins Gefängnis zu müssen, war wohlbekannt. Er hatte oft darüber gesprochen. Er glaubte, daß er niemals eine faire Verhandlung bekäme und für den Rest seines Lebens im Gefängnis sitzen würde. Er hatte Leuten erzählt, daß er schon einmal im Gefängnis mißhandelt worden sei, und er wußte, daß es wieder passieren würde. Es war sehr gut möglich, daß er beschlossen hatte, nie wieder ins Gefängnis zu gehen. Daß alles besser wäre, als mit anderen Männern eine Zelle zu teilen. Mit Männern, die den Gestank der schlimmsten Augenblicke seiner Kindheit ausströmten. Es wäre wie eine Rückkehr in die Hölle, und er könnte beschlossen haben, sich statt dessen lieber umzubringen.

Gegen 21 Uhr trafen sich Bowler und ein paar FBI-Agenten in Richter Dixons Haus. Sie erzählten dem Richter, daß sie sich immer noch nicht über Kevins Apartment im klaren seien, aber daß er mit Sicherheit irgendwo im Player's-Club-Komplex sei. Burns gab ihm seine zehnseitige eidesstattliche Erklärung, aber der Richter stellte fest, daß sie vergessen hatten, einen Durchsuchungsbefehl zu beantragen. Bowler organisierte, daß die Formulare aus seinem Büro gebracht werden sollten, und dann gingen Burns und die anderen Agenten runter zum Player's Club. Sobald es neue Informationen gab, wollten sie den Richter anrufen.

Ein paar Minuten später kam eine Sekretärin aus Bowlers Büro mit den Vordrucken für einen Durchsuchungsbefehl. Wo Name und Anschrift des Gesuchten eingesetzt werden sollten, stand lediglich: «Kevin Mitnick, Raleigh, North Carolina.» Trotzdem unterzeichnete der Richter die Formulare, und sie wurden zu Bowler im Player's Club gebracht.

Dort herrschte inzwischen große Anspannung. In den letzten Stunden hatten Murphy und die anderen Techniker keinerlei Aktivitäten von Kevins Telefon aufzeichnen können. Hatte er etwas gemerkt und war abgehauen? Inzwischen hatte jeder von dem kürzlichen Mißerfolg in Seattle gehört. Hatten sie all die Anstrengungen unternommen, um wieder vor der gleichen Niederlage zu stehen? Möglich war es durchaus.

Irgendwann nach Mitternacht kam Kevin zurück. Später sagte er gegenüber seinem Rechtsanwalt, daß er etwas essen gegangen war. Wie er sein Apartment verlassen und betreten konnte, während ein halbes Dutzend Cops vermutlich den Komplex im Auge behielten, bleibt ein Geheimnis. Vielleicht war es einfach nur ein dummer Zufall. Auf jeden Fall nahm Kevin kurz nach Mitternacht seine Hackeraktivitäten wieder auf. Und die Mobilfunktechniker des FBI bemühten sich mit Hilfe ihres tragbaren

Peilgeräts erneut darum, ihn in seinem Apartment zu lokalisieren. Zufällig war Chapman mit einem der Techniker unten im Gebäude 4550, als er hörte, daß oben eine Tür geöffnet wurde. Darüber, was dann passierte, gibt es unterschiedliche Meinungen. Chapman sagt, er habe durch den Zwischenraum der Treppenstufen eine Person gesehen, auf die die Beschreibung von Kevin gepaßt habe. Die Person sei aus dem Apartment herausgetreten und habe sich umgesehen, wie um ein verdächtiges Geräusch zu orten. Kevin läßt durch seinen Rechtsanwalt behaupten, so was habe er nicht gemacht.

Wie immer es auch gewesen sein mag, die Cops zweifelten nicht länger daran, in welchem Apartment Kevin sich aufhielt.

Burns klopfte.

Die Stimme von innen: «Wer ist da?»

«FBI.»

Kevins Herzschlag muß sekundenlang ausgesetzt haben. Trotzdem reagierte er sehr ruhig. Er sprach ein paar Minuten mit Burns durch die geschlossene Tür. Er beharrte darauf, daß sie an der falschen Adresse seien, er sei nicht Kevin Mitnick und hätte auch keine Ahnung, wovon sie redeten. Irgendwann öffnete er die Tür vorsichtig und sprach durch den Spalt. Als Burns darum bat, hereinzukommen, verlangte Kevin den Durchsuchungsbefehl, und über das, was dann passierte, gibt es wieder unterschiedliche Aussagen. Kevin sagte, er habe versucht, die Tür zu schließen, und Burns habe seinen Fuß dazwischengestellt. Dann erzwangen sich fünf Agenten Zutritt zu seinem Apartment.

Als sie erst einmal drinnen waren, sahen sie geradewegs auf einen Computer. Sie durchsuchten das Apartment nach Waffen, dann musterten sie Kevin. Er trug Jogginganzug und -schuhe und sah so aus, als wäre er gerade vom Sport gekommen. Burns bat Kevin darum, sich auszuweisen. «Mein Name ist Thomas Case», sagte er. Er zeigte ihnen einen Führerschein von North Carolina, eine Kreditkarte und ein Scheckbuch, alles auf den Namen Thomas Case. Während er seine Brieftasche nach den Papieren durchstöberte, sah ein Agent, daß sie noch andere IDs enthielt, und als Kevin die Brieftasche auf die Frühstückstheke legte, schnappte sie sich einer der Agenten und schaute hinein. Kevin beschwerte sich, sie hätten sein Apartment durchsucht, obwohl er ihnen gesagt habe, ohne Durchsuchungsbefehl müßten sie wieder gehen. Er durfte seinen Anwalt John Yzurdiaga in Los Angeles anrufen. Yzurdiaga sagte Burns, er müsse entweder einen Durchsuchungsbefehl herbeischaffen oder gehen. Burns ging. Als Burns zurückkam, hatte er zwar einen Haftbefehl, aber keinen Durchsuchungsbefehl. «Sie haben immer noch keine Durchsuchungserlaubnis», bestand Kevin auf seinen Rechten. Entgegen einiger Indizien, wie seinem Namen auf dem Pillengefäß, blieb er dabei, sein Name sei Thomas Case und das FBI belästige ihn ungerechtfertigt.

Burns ging erneut und rief Richter Dixon an. Der Richter gab ihm die mündliche Erlaubnis, die Durchsuchung durchzuführen. Burns kehrte zum Apartment zurück und zeigte ihm die Bevollmächtigung. Die richtige Adresse und Apartmentnummer waren handschriftlich oben auf dem Papier vermerkt.

Kurze Zeit später hatte Kevin Handschellen an und war verhaftet. Burns las ihm seine staatsbürgerlichen Rechte vor. Sie brachten ihn nach draußen zu einem wartenden Polizeiwagen. Es hatte angefangen zu regnen, ein leichter Nieselregen.

Die FBI-Agenten brauchten etwa eine Stunde, um Kevins Apartment zu durchsuchen. Sie beschlagnahmten etwa 80 Gegenstände, darunter einen Toshiba-Laptop, Funktelefone und jede Menge Zubehör. Nichts Überraschendes. Es gab ein paar Dinge, die darauf hindeuteten, daß Kevin Charlie Pritchett die Wahrheit gesagt hatte, als er ihm erzählte, daß er wegen eines Jobs nach Raleigh gekommen sei: zwei Bücher, *Die 100 besten Unternehmen Amerikas* und *Mach sie alle*, ein bekannter Ratgeber für Taktiken bei der Jobsuche, und ein Stapel mit 44 Bewerbungsbriefen.

Das FBI konfiszierte außerdem ein herumliegendes zwei Tage altes Exemplar des *Raleigh News & Observer* vom 12. Februar 1995 – Kevins Tageshoroskop war verblüffend hellsichtig:

«Löwe (23. Juli – 22. August): Jemand, den sie beeindrucken wollen, bleibt dabei: ‹Sie sind zweifellos ein Psychopath.› Hinter ihrem Rücken wird gemauschelt, sie hätten mehr Informationen über geheime Akten, Diskretion vonnöten.»

Es war drei Uhr morgens, als Kevin endlich zum Wade County Safety Center in Downtown Raleigh gebracht wurde. Auf dem Weg dorthin äußerte er wiederholt den Wunsch, mit seiner Mutter zu sprechen. Aber er weigerte sich, den Agenten den Namen seiner Mutter zu nennen oder was sie ihr sagen sollten, von wem der Anruf käme. Er bestand immer noch darauf, daß sie den falschen Typen erwischt hätten, er sei Thomas Case und habe keine Ahnung, warum sie ihn nach Downtown brächten.

Endlich, nach etlichen Stunden schien ihm zu dämmern, daß er sich so aus dieser Geschichte nicht raushacken konnte. «Okay, ihr habt mich», gab er schließlich zu. «Ich bin Kevin Mitnick, und ich bin kein Spion. Sie sollen wissen, daß ich den Vereinigten Staaten gegenüber absolut loyal bin.» Er ließ den Agenten Ken McGuire und Kathleen Carson, die er mit Telefonterror und anonymen Botschaften belästigt hatte, seine Entschuldigung ausrichten. Er sagte: «Bitte sagen Sie ihnen, daß es nichts Persönliches war.»

Satisfaktion

1 Zwei Wochen nach Kevins Verhaftung war ich in L. A., um an der Story für den *Rolling Stone* zu arbeiten. Wie der Rest der Welt hörte auch ich von Kevins Gefangennahme erst durch den dramatischen Bericht von Markoff in der *New York Times*. Tsutomu hatte ich niemals zuvor getroffen (genausowenig wie Markoff oder Kevin), aber pflichtbewußt hatte ich ein halbes dutzendmal im San Diego Supercomputer Center angerufen, weil ich ihn sprechen wollte. Ich hatte kein Glück. Außerdem hinterließ ich diverse Nachrichten für Ann Redelfs, Pressesprecherin des Supercomputer Center.

Als Redelfs mich einige Tage später zurückrief, klang sie ziemlich mitgenommen. «Entschuldigen Sie, daß ich nicht eher zurückgerufen habe», begann sie. «Aber in der letzten Woche kamen ungefähr 200 Interviewanfragen für Tsutomu aus Japan, Neuseeland, Europa, von wo immer Sie auch wollen. Das hat mich etwas verrückt gemacht.»

«Also hab ich jetzt kein Glück mehr?»

«Nein, das glaube ich nicht. Ich habe Ihre Bitte mit Tsutomu diskutiert, und er hat zugesagt, mit Ihnen zu sprechen.»

Gute Nachrichten. «Soll ich noch heute nacht nach San Diego fliegen?»

«Nein, er ist gar nicht hier.»

«Wo ist er denn?»

«Ich weiß es nicht. Vielleicht oben im Norden. So was erzählt er mir nicht. Er schickt mir nur E-Mails.»

«Gibt es eine Nummer, wo ich ihn anrufen kann?»

«Nein. Er gibt keine Nummer raus. Selbst ich habe keine Nummer. Wann ist denn Ihre Deadline?»

Ich sagte es ihr.
«Okay, ich werde ihm das übermitteln. Sie werden vermutlich im Laufe der nächsten Tage von ihm hören.»
«Sind Sie auch ganz sicher, daß das läuft? Wenn nicht, fliege ich nämlich nach New York zurück –»
«Ja, doch, das klappt schon», versicherte sie mir. «Tsutomu hält sein Wort. Wenn er sagt, daß er mit Ihnen spricht, dann spricht er auch mit Ihnen.»

Ich trieb mich also noch ein paar Tage in L. A. herum und wartete auf Tsutomu. Als meine Deadline näherrückte, E-mailte ich ihm, daß wir uns entweder jetzt oder gar nicht treffen müßten. Am 9. März erhielt ich kurz vor Mitternacht eine Antwort: «ich werde morgen (freitag) in truckee, kalifornien, im tahoe donner crosscountry ski center sein. wenn sie mich dort besuchen wollen, werde ich etwas zeit zum plaudern haben», schrieb er. «am liebsten unterhalte ich mich über verwandte themengebiete wie ethik und privates. ich bin neugierig, welche anderen ansichtsweisen sie bisher so gehört haben... mein funkmodem ist heute nacht noch ein paar stunden im empfangsbereich, danach bin ich erst mal ohne funk...»

Ganz toll. Das einzige Problem war, daß ich in L. A. und er in den Sierras war und zwischen uns ein Höllensturm tobte. In den Nachrichten hatten sie Aufnahmen von Häusern gezeigt, die die Flüsse runtertrieben, von überfluteten Autos und von Katzen, die mittendrin auf einem trockenen Flecken festsaßen. Aus den Sierras kamen Berichte über einen Meter Neuschnee. Nach Tahoe zu fahren – was schon bei freien Straßen sechs bis sieben Stunden dauerte – kam überhaupt nicht in Frage. Ich rief am Flughafen an – zu spät, um noch einen Flieger zu erwischen. Und die ersten Flüge morgen früh hätten wahrscheinlich Verspätung.

Ich E-mailte Tsutomu zurück, daß nicht sicher sei, ob ich es morgen schaffen würde. Ob wir es nicht am darauffolgenden Tag machen könnten? Als ich um etwa zwei Uhr morgens ins Bett ging, hatte er noch nicht geantwortet.

Ich verstand ja Tsutomus Zögern. Das ganze Generve von den Medien, mich eingeschlossen, war bestimmt nicht so leicht für ihn. Bis zu jenem Moment hatte er ein akademisches Leben gelebt. Er arbeitete ungestört von der Öffentlichkeit an komplexen, computerwissenschaftlichen Problemen. Aus und vorbei. Nur wenige Tage nach Erscheinen der *New-York-Times*-Story verhandelte Markoffs Agent John Brockman angeblich einen 700000-Dollar-Deal, bei dem es um ein Buch ging, das der *New-York-Times*-Reporter und Tsutomu zusammen schreiben sollten. Sowohl die Film- und CD-ROM-Rechte gingen für einen weiteren ordentlichen Batzen weg als auch die Rechte auf die Auslandsveröffentlichungen. Fast über Nacht waren Markoff und Shimomura zu Millionären geworden. Wer brauchte da noch Publicity?

Als ich am nächsten Morgen aufstand, hatte ich immer noch nichts von Tsutomu gehört. Trotzdem buchte ich für neun Uhr einen Flug nach Reno. Als ich jedoch am Flughafen von L. A. ankam, stellte ich fest, daß der Flug wegen des schlechten Wetters gestrichen war. Dasselbe mit dem Flug um zehn Uhr. Und mit dem Mittagsflug. Um dreizehn Uhr konnte ich schließlich auf eine Maschine, die um halb drei landen sollte, aber Verspätung hatte. Kurz nach drei Uhr landeten wir auf dem Rollfeld von Reno. Es schüttete wie aus Kübeln. Eine Stunde später saß ich in einem Mietwagen auf der Interstate 80 in Richtung Lake Tahoe. Aus dem Regen wurde Hagel, aus dem Hagel Schnee, der Schnee ging in einen Schneesturm über und der Blizzard in ein weißes Nichts.

Es dämmerte schon, als ich im Tahoe-Donner-Skigebiet ankam. Tsutomu war längst weg. Der Parkplatz war bis auf ein paar eingeschneite Autos und einen abgestellten Schneepflug leer.

Ich rief Ann Redelfs an und beschrieb ihr meine mißliche Lage. Ich nahm an, daß sie in Wahrheit sehr wohl Tsutomus Nummer hatte und daß sie sie mir jetzt angesichts der widrigen Umstände geben würde. Ich lag falsch. «Ich sage Ihnen die Wahrheit», meinte sie. «Ich habe keine Möglichkeit, ihn zu erreichen. Er gibt niemandem seine Nummer – nicht einmal mir. Das einzige, was

Ihnen jetzt übrigbleibt, ist, ihm eine E-Mail zu schicken, in welchem Hotel Sie sind, und darauf zu hoffen, daß er Sie anruft.»
Ich nahm ein billiges Hotel, schmiß mich vor den Fernseher und wartete. Ich schickte ihm ein paar E-Mails, aber es kam keine Antwort. Ich schloß daraus, daß er es entweder gar nicht bis Tahoe geschafft hatte oder daß er schon wieder weg war.
Nachdem ich eingeschlafen war, klingelte um zwei Uhr morgens das Telefon. «Hi, ich bin's, Tsutomu.»
Ich erklärte ihm, was passiert war. «Können wir uns morgen treffen?»
«Ich weiß nicht.»
«Ich bin wegen dieses Interviews ziemlich weit gereist, Tsutomu...»
«Ich fahre morgen vielleicht woanders Ski. Ich weiß es noch nicht, ich muß das noch mit der Bergwacht checken. Ich sag Ihnen morgen früh um acht Uhr Bescheid, okay?»
Um acht Uhr läutete kein Telefon. Ich wartete bis halb zehn. Immer noch kein Anruf. Um zehn Uhr rief ich wieder bei Ann an. Was ging hier vor? «Das ist nichts Persönliches», versicherte sie. «Er macht das mit allen so. Er ist eben so.»
Mir reichte es jetzt. Ich würde die Geschichte eben ohne ihn schreiben. Ich packte meine Sachen und machte mich auf den Weg zurück nach Reno.
Als ich auf den Highway kam, entschied ich mich jedoch aus irgendeinem Gefühl heraus anders. Ich fuhr vom Highway runter und die lange, eisige Serpentinenstraße zum Tahoe-Donner-Skigebiet hinauf. Ein gewagter Versuch, aber zum Teufel, was soll's. Ich parkte auf dem verschneiten Parkplatz und ging in die Skihütte, ein kleines, einfaches, aber modernes Gebäude, nicht größer als eine Tankstelle. Wegen des schlechten Wetters war es fast leer. Ein paar Leute, die Skier mieteten, und am Fenster eine Frau, die in eine Tasse heiße Schokolade blies. Und dann fiel mir noch jemand auf, der am Kassenhäuschen stand und seinen rechten Fuß oben am Tresen abstützte. In seinen violetten Lycra-Skihosen dehnte er sein Bein wie ein Turner. Ein schwarzer Pfer-

deschwanz baumelte zwischen seinen Schulterblättern. Selbst aus der Entfernung strahlte er hochenergetische Vibrationen aus. Es war Tsutomu.

Als ich mich vorstellte, wirkte er fast bestürzt, so wie: *Verdammt noch mal, wie hast du mich hier gefunden?*

Damit war das Versteckspiel zu Ende. Jetzt würde man sich ganz einfach in die Hütte setzen können und miteinander reden. «Wir können das in einer Stunde durchziehen», sagte ich zu Tsutomu. Dann würde ich ihn in Ruhe lassen und mich wieder auf den Weg machen.

Ich lag falsch. Tsutomu wollte sich jetzt erst mal um seine Ski kümmern und verschwand die Treppe hinauf. Nach ungefähr zehn Minuten kam er in der Begleitung seiner Hüttenmaid Emily Sklar zurück, einer Studentin an der San Jose State University. Tsutomu sah aus, als ob es losgehen könnte – violetter Parka, eine Oakley-Sonnenbrille, neongrüne und -rosa Salomon-Skistiefel, Skier und Stöcke.

«Meine Freundin gibt hier Skiunterricht», sagte er und zeigte auf Sklar. «Ich muß jetzt mit ihr los.»

«Wann kommen Sie zurück?»

«Irgendwann am späten Nachmittag.»

«Aber ich muß mein Flugzeug kriegen –»

«Ich bin zum Skifahren hier», sagte er. Damit meinte er, daß er nicht hier oben war, um interviewt zu werden. «Sie können gerne mit uns kommen, wenn Sie wollen», sagte er großzügig.

Er konnte eigentlich sehen, daß ich für L. A. angezogen war. Ich hatte keine Skiausrüstung, keine Mütze, keine Handschuhe, keine engsitzende lila Skihose aus Lycra. «Vielleicht warte ich besser hier in der Lodge», sagte ich. «Was glauben Sie, wann Sie ungefähr zurück sein werden?»

«Irgendwann am Nachmittag.»

«Können wir dann reden?»

«Na klar.»

Dann drehte er sich um und ging los in Richtung Berge. Ich sah ihn und Sklar ihre Skier anziehen – sie war Skilehrerin, und er begleitete sie, um zu lernen, wie man ein Skilehrer wird. Ein Mann und eine Frau mittleren Alters stießen zu Tsutomu und Sklar – ihre Schüler. Sie begrüßten sich, plauderten ein paar Minuten, und dann packten es die vier endlich und glitten davon in den Wald. Während ich Shimomuras lila Hosen zwischen den Bäumen verschwinden sah, hatte ich das ungute Gefühl, daß ich ihn für den Rest des Tages nicht mehr wiedersehen würde. Dort gab es unzählige von kilometerlangen Abfahrten und die verschiedensten Hütten auf den entferntesten Bergen. Er könnte ohne weiteres bis Sonnenuntergang unterwegs sein.

So machte ich also das einzig Vernünftige: Ich ging in den Ski-Shop, schmiß mein Plastik auf die Theke und kaufte eine Mütze, Handschuhe und einen Pullover. Dann mietete ich Skier und setzte die Jagd fort.

Ab Mittag war ich Tsutomus Skischüler. Wenn er lernen wollte, wie man Leuten das Skifahren beibringt, konnte er mit mir gleich anfangen. Tatsächlich aber unterrichtete mich Sklar, und Tsutomu war ihr Assistent. Skilehrer zu werden war eins seiner Lebensziele, und er war so engagiert dabei wie bei allem anderen auch – als ich Probleme mit meinen Stöcken hatte, erläuterte er mir in einer langen und komplexen Theorie, warum elliptisch geformte Körbchen am Ende der Stöcke besser seien als normale, runde Körbchen.

Gegen vierzehn Uhr waren wir zurück in der Hütte. Tsutomu aß Couscous mit Mandeln und eine Banane. Sklar witzelte über die Schar der Reporter, die hinter Tsutomu her waren. Eine Woche zuvor hatte ihm eine Crew von CNN in der Skihütte aufgelauert. Tsutomu verweigerte sich, bis einer der Produzenten anbot, sich mit einem Metallschlitten über die Hänge ziehen zu lassen. Er hatte gehört, daß Tsutomu auch für die Bergwacht trainierte und dafür üben mußte, wie man verletzte Skifahrer herunterbringt. Als Geste seines guten Willens gab ihm Tsutomu dafür ein Fünf-Minuten-Interview.

Tsutomus Haßliebe zu den Medien verblüffte mich: Wenn er mich hier oben nicht wollte, warum hatte er mich dann eingeladen? Und wenn er mich eingeladen hatte, warum weigerte er sich dann, mit mir zu reden? Ganz klar, Tsutomu ist ein zu komplexes Geschöpf, um so einfach in eine Welt der Sound-Bytes und der schnellebigen Nachrichten zu passen. Ein Teil von ihm schien zu glauben, daß er über alldem stand und daß man ihn gefälligst nicht belästigen solle. Aber er hatte auch den verständlichen Wunsch, sich in dem Ruhm des Augenblicks zu sonnen – *ja, er war derjenige, der Kevin zur Strecke gebracht hatte.*
Vielleicht war er aber auch nur über all die Aufmerksamkeit für ihn schockiert. Im WELL hatte Kevins Festnahme sofort heftigste Begeisterung geweckt. Obwohl einige abwinkten, als US-Staatsanwalt Kent Walker Kevin einen «elektronischen Terroristen» nannte, fand sich doch kaum einer zu seiner Unterstützung ein. Vielleicht war es auch einfach ein Zeichen dafür, daß die Computer-Community älter geworden und ihre Geduld mit den jungen Abenteurern verloren hatte. Einige machten sich Sorgen über die Konsequenzen, die dieser Fall auf Dauer für den Cyberspace haben würde. «Große Veränderungen sind für den technischen und rechtlichen Unterbau des Netzes im Kommen», schrieb Bruce Koball in einer Mitteilung auf dem WELL. «In dem Maße, wie Mitnick und seinesgleichen dämonisiert werden und das Netz als finstere, anarchistische und gesetzlose Wildnis gezeichnet wird, gegen die gesetzlich vorgegangen werden muß, in dem Maße werden wir verlieren.»

Für andere war es ein Aufruf zum Handeln: «Der Sputnik aus dem Reich des Bösen war der Funke, der das amerikanische Feuerwerk entflammte, das die Erneuerung des mathematisch-wissenschaftlichen Ausbildungssystems in den fünfziger und sechziger Jahren und auch die teuren Raketen des Weltraum-Rennens antrieb», stand in der Ankündigung einer Computerkonferenz. «Vielleicht wird Kevin Mitnick der Böse – der digitale Lieblingsdämon des FBI – am Ende eine ähnliche Alarmfunktion für die Nation übernommen haben.»

Auch die *New York Times* wurde einer bohrenden Analyse unterzogen. Als zwei Tage nach Kevins Verhaftung Markoffs dramatische Story erschien, sah die Königin aller Zeitungen keine Notwendigkeit für die Enthüllung, daß ihr Autor Markoff ja selbst tief verstrickt war in die Jagd nach Kevin. Es gab auch keine Aufklärung über die Beziehung zwischen Markoff und Tsutomu oder über Markoffs Groll gegen Kevin (obwohl Markoff drei Tage später – in einem kleinen Nachschlag – zugab, daß er Kevin in Verdacht hatte, seine E-Mail gelesen zu haben). Und dann war da noch die Geschichte des Millionen-Dollar-Buchdeals. Wie Jon Katz, der Medienkritiker von *Wired*, sich ausdrückte: «Da gibt es Reporter, die das erste Mal in ihrem Leben die Chance haben, Millionär zu werden. Welchen Einfluß hat das auf ihre Berichterstattung?»

Wie gewöhnlich rochen viele Hacker eine Verschwörung: Markoff und Tsutomu hatten das Ganze von Anfang an genau geplant. Sie würden Kevin fangen und gleichzeitig reich werden. Chris Goggins alias Eric Bloodaxe, ein Redakteur von *Phrack*, einem im Underground populären elektronischen Magazin, stellte sich diesen Tauschhandel zwischen Markoff und Tsutomu so vor: «Hey, Tsutomu, weißt du, wenn du dich hinter diesen Burschen hermachst, dann würde ich ein Buch darüber schreiben! Damit könnten wir schon 'nen Penny machen. Das wäre noch eine heißere Geschichte als Stolls *Kuckucksei!*»

«Mensch, John, das ist 'ne verdammt gute Idee. Ich werd mal sehn, was sich machen läßt. Ruf schon mal deinen Agenten an, und laß uns die Sache ins Rollen bringen.»

2

Während sich Tsutomu Couscous Almondine reinschob, erklärte er mir seine Motive für die Jagd auf Kevin. «Ich war nicht scharf auf einen Mind-Fuck», sagte er. «Ich wollte seinen warmen Körper finden und dann zurück zum Skifahren gehen.» Für Tsutomu war Kevin ein Bug im System. Nicht

mehr und nicht weniger. «Ich wollte ihn vor allem deshalb fassen, weil er ein lästiger Scheißkerl war. Ab einem bestimmten Punkt ist es besser, wenn man sich einmal richtig mit einem Problem befaßt, damit es ein für alle Male gelöst ist.»
«Woher wußten Sie, daß es Kevin war, der in Ihren Rechner eingebrochen ist?»
«Ich wußte es gar nicht. Die Sachen, hinter denen der Eindringling her war, waren aber genau die Sachen, die Kevin interessieren mußten. Der Angriff war jedoch sehr gekonnt ausgeführt – das Schwindeln mit IP-Nummern ist ein sehr komplexes Manöver, und ich glaube nicht, daß er dazu das Talent hatte. Soweit ich weiß, hat er überhaupt kein Talent zum Programmieren. Auch seine technischen Fähigkeiten sind sehr begrenzt. Meistens benutzte er nur Tools, die von anderen Leuten entwickelt worden waren. Und selbst damit hatte er Probleme. Wenn ihm keiner eine Gebrauchsanleitung gab, wußte er gar nicht, wie man sie benutzen konnte.»
Mitten in der Unterhaltung ging Tsutomu plötzlich. Er erwartete ein Päckchen von Federal Express auf seinem Zimmer, und er wollte sichergehen, daß er es bekam. Ich war überzeugt davon, daß er für den Rest des Tages verschwunden bliebe.
Aber wieder lag ich verkehrt. Etwa zehn Minuten später kam er mit einem Paket aus Japan zurück. Erwartungsvoll öffnete er es. In dem Päckchen befand sich ein kleines Teil Computer-Hardware. «Das ist eine neue 800-Megabyte-Festplatte», sagte Tsutomu. Die meisten Festplatten haben die Größe eines tragbaren CD-Players. Diese war etwa so groß wie eine Zigarettenschachtel. Abgesehen von seinem unverhohlenen Entzücken bestreitet Tsutomu vehement, auf Technologie abzufahren: «Ich bin kein Computer-Mensch, ich bin ein User, nicht mehr. Für mich sind Computer nur Werkzeuge, mit denen ich meine Arbeit machen kann.» Manchmal nennt er Computer auch Türpuffer oder große, teure Raumheizungen.
Vielleicht ist es ja auch so, aber auf jeden Fall umgibt er sich mit einem Haufen Techno-Zeug. Er hatte sein OKI-Telefon dabei,

einen Kilometerzähler zum Umhängen und eine multifunktionale Armbanduhr. Seine Hütte in den Bergen war besser vernetzt als so manche kleine Firma. Während des Mittagessens arbeiteten er und Sklar einen 90 Kilometer langen Cross-Country-Skiausflug aus. Sie diskutierten über die besten Skiwachssorten und die Wetterbedingungen. Doch Tsutomus größte Sorge galt seinem Handy – sollte er es mitnehmen? Es bedeutete Extragewicht und -masse, aber, und das war deutlich zu sehen, die Vorstellung, es zurückzulassen, kam ihn sehr hart an.

Das Handy ist sein ständiger Begleiter. Für Tsutomu gibt es keinen wesentlichen Unterschied zwischen einem Telefongespräch und einer Unterhaltung von Angesicht zu Angesicht. Inmitten eines Gesprächs kann er das Telefon rausnehmen, wählen und zu sprechen anfangen. An einem Punkt unserer Debatte über Kevins Hacking-Talente rief er auf einmal Mark Lottor an und versuchte ihn dazu zu bewegen, über das Wochenende rauf nach Tahoe zu kommen. «Es sind nur 290 Kilometer von San Francisco aus», erklärte er Lottor, wobei er etwas einsam und gelangweilt klang. «Ja, ich bin ganz sicher – ich fahre die Strecke dauernd.» Pause. «Ich kenne die momentanen Straßenverhältnisse nicht, aber der Sturm soll angeblich aufhören.» Pause. «Dann flieg, wenn du nicht fahren willst. Okay, okay. Wir sehn uns.»

Dann ging es wieder um Kevin. Nachdem er ihn erst als gefährlichen Gesetzlosen hochstilisiert hatte, um ihm die Polizeibehörden auf den Hals zu hetzen, wollte er jetzt Kevins Talente herunterspielen. «Wenn er wenigstens clever gewesen wäre, wenn er wenigstens etwas Interessantes mit seinen Fähigkeiten angestellt hätte, wäre mein Respekt vor ihm größer gewesen. Er hat aber etwas anderes getan – er machte sich selbst zu einer Belästigung.»

«Haben Sie jemals ein Computersystem gecrackt?»

«Wie meinen Sie das?»

«Ich fragte, ob Sie jemals versucht haben, unautorisiert Zugang in einen fremden Rechner zu bekommen?»

«Das ist schwierig zu sagen –»

«Sie wissen schon, was ich meine.»

«Ich habe mich in ein paar Systeme gehackt, als ich in Los Alamos gearbeitet habe», sagte er. Er zögerte für einen Moment und fügte dann hinzu: «Aber wir hatten immer für alles, was wir gemacht haben, eine Generalvollmacht.»
«Generalvollmacht von wem?»
«Darüber möchte ich nicht sprechen.»
Auch über die Details der Jagd wollte er nicht reden. Das wolle er sich für sein Buch aufheben, sagte er. Okay. Er wollte auch nicht über seine Beziehung zu John Markoff sprechen, ja, sie seien zusammen Langlaufski gefahren, und nein, er glaube nicht, daß Markoff irgend etwas falsch gemacht habe.
An diesem Punkt ließ sich Tsutomu auf dem Boden nieder und machte einige Dehnungsübungen. Er dachte daran, einen weiteren Ausflug vor Einbruch der Dunkelheit zu machen.
«Wie fühlen Sie sich bei dem Gedanken, daß Kevin vielleicht zehn Jahre im Gefängnis verbringen muß?»
Tsutomu zögerte, als ob es einen momentanen Stromausfall in seinen Schaltkreisen gegeben hätte. «Er nahm sich einen Haufen proprietärer Software, in die einige Firmen eine Menge Geld investiert haben. Er besaß den Quellcode für Motorola-Handys – was wollte er denn damit? Woher wollen wir wissen, daß er ihn nicht in Übersee verkaufen wollte? Das ist eine unglaublich wertvolle Software.»
«Ich weiß nicht, was man mit jemandem wie ihm sonst machen soll», fuhr Tsutomu fort. Zunehmend sah er leicht besorgt aus. «Ich glaube, es war auch wichtig, ein Signal auszusenden, daß dieses Verhalten nicht zu tolerieren ist. Er war unhöflich. Ich finde auch nicht, daß das Gefängnis eine tolle Methode ist, ihn zu stoppen, aber es ist zumindest eine effektive Methode.»
Später sagte er noch: «Ich glaube, daß es hier ein paar Lektionen zu lernen gibt. Eine davon ist, daß wir uns selbst fragen müssen: Was sollen wir alles auf dem Netz zulassen? Das System ist nicht sicher, aber wir haben die liebgewordene Angewohnheit, ihm einfach zu vertrauen. Ich glaube, daß man sich das auf drei Ebenen anschauen muß: erstens, was das Netz bereits macht.

Zweitens, was es vorgibt zu machen. Und drittens, was wir wollen, das es macht. Die Leute behandeln das Netz so, als ob es sicher wäre, aber das ist es nicht. Nur weil wir das Netz für etwas nutzen wollen – sagen wir, für kommerzielle Transaktionen –, heißt das noch lange nicht, daß wir das auch tun sollten. Wir müssen realistischer sein. Wir müssen lernen, was das Netz zur Verfügung stellen kann, und es dementsprechend benutzen.»

Was plante er jetzt, nachdem diese Episode seines Lebens vorüber war? Er sagte, daß er mehr daran mitarbeiten wolle, das Netz betreffende Gesetze und öffentliche politische Fragen zu formulieren. Er wollte außerdem wieder zurück zur Physik. «Das Leben ist kurz», befand er. «Es gibt jede Menge interessanter Probleme, an denen man arbeiten kann.»

Unterdessen saß Kevin allein in seiner Gefängniszelle in North Carolina, in 23 Fällen des Computer- und Kommunikationsbetrugs angeklagt. Er beschwerte sich bei den Gefängnisärzten über Hautausschläge. Seine Mahlzeiten aß er von einem Metalltablett und versuchte durch kurze Sprints die Treppen rauf und runter in Form zu bleiben. Die einzigen Menschen von draußen, mit denen er sprechen durfte, waren seine Anwälte, seine Mutter und seine Großmutter. Einige Hacker versuchten, den Fall auf dem Netz aufzugreifen, aber es führte zu nichts.

Kevin zu verteidigen war weder lukrativ noch ehrenvoll. Unglücklich, einsam, sich selbst als Außenseiter stilisierend, war er abgedriftet in eine elektronische Welt, die ihre subkulturellen Wurzeln längst verloren hatte. Seine Hybris stellte seine tatsächlichen Fähigkeiten als Hacker bei weitem in den Schatten. Und zum Schluß war es ihm nur noch darum zu tun, gegenüber wirklich jedem, dem er begegnete, ätzend und beleidigend zu sein. Man mag einwenden, daß die Jagd nach Kevin einen Gemeinschaftsgeist im Cyberspace mobilisiert habe, vergleichbar den Guardian Angels, die am Times Square einen berüchtigten Schurken am Kragen packen, weil die Cops zu faul sind, ihren Job zu machen. Andere mögen sagen, daß es Wachsamkeit mit Mitteln der High-Tech war.

Ich glaube, daß die Auffassung, Kevin Mitnick sei eine nationale Bedrohung, in zehn Jahren etwas Rührendes oder geradezu Belustigendes haben wird. Unsere Kultur wird technologisch immer raffinierter. In der Zukunft wird es den Medien bei weitem schwerer fallen, die Kevin Mitnicks dieser Welt als Paradefall für digitale Computerkriminalität zu lancieren. Man wird ihn im nachhinein eher als Geschöpf einer bestimmten Entwicklungsstufe der Zivilisierung der elektronischen «frontier» sehen. Er wird für eine Zeit stehen, in der unsere Ungewißheit, unsere Angst vor den möglichen Veränderungen der Welt durch die Technologie ständig wuchs. Für eine Zeit, in der die Bekämpfung der Computerkriminalität einen Präzedenzfall brauchte, um zu demonstrieren, daß sie in der Lage ist, die Grauzone der Ungesetzlichkeiten im Internet unter ihre Gewalt zu bekommen. Die Medien waren nur zu bereit, einen solchen Fall zu liefern. Zufällig kam er in Gestalt eines überkandidelten jüdischen Kids aus Panorama City daher. Kevins Verfolger wurden zu Millionären, er endete hinter Schloß und Riegel in einem orangefarbenen Overall.

Es sah nicht ganz finster aus für Kevin. Im Juli 1995 wurde die Anklage in 22 Punkten fallengelassen, im Gegenzug hatte er sich in einem Fall schuldig bekannt, sich illegal Zugang zum Rechner verschafft zu haben. Er wurde zu acht Monaten Gefängnis verurteilt und ins Metropolitan Detention Center in Los Angeles verbracht. Dort muß er seine Strafe verbüßen und hat sich unter anderem auch dem Verstoß gegen seine Bewährungsauflagen zu stellen. David Schindler, mit dem Fall betrauter US-Staatsanwalt, versprach, ihn die ganze Härte des Gesetzes spüren zu lassen.

Am Ende des Tages beschloß Tsutomu, doch keinen weiteren Lauf mehr zu unternehmen. Es schneite immer noch ordentlich. Wir gingen raus auf den Parkplatz, fegten den Schnee von unseren Autos und luden unsere Skier darauf. Wir verabredeten uns für den späteren Abend in einem Café in Truckee (was nicht klappte, da ich eingeschlafen war). Tsutomu wollte seinen Laptop mitbringen, so daß er sich, solange er dort war, ins Netz einwählen könnte, um mit seinen Freunden herumzuhängen – sowohl virtuell als auch real. Ich hatte das intensive Gefühl, daß er das doch nicht so locker nahm, was mit Kevin passiert war. Das Ende der Geschichte vertrug sich nicht mit seinem Anspruch, als Physiker für jedes Problem eine elegante Lösung zu finden. Dies hier war menschlich. Dies war einfach zu komplex, selbst für Tsutomu.

«Ich denke, Kevin ist ein gebrochener Mensch», meinte Tsutomu irgendwann mittendrin, einfach nur so.

«Gebrochen?»

«Ja, gebrochen.»

Und dann stieg er in sein Auto und fuhr die vereiste Bergstraße runter.

Danksagung

Dies ist eine journalistische Arbeit. Es wurde nichts hinzuerfunden. Ich habe beim Erzählen der Geschichte zwar interpretiert und beurteilt, aber ich habe mich bemüht, bei jedem Detail wahrhaftig und fair zu bleiben.

Mein Dank gilt meinem Lektor Steve Ross, der mir vorschlug, dieses Buch zu schreiben, für seine Geduld und seine gestrenge Redaktion. Er gilt auch meinem Agenten Flip Brophy, der niemals an dem Projekt zweifelte. Bob Love, meinem Redakteur beim *Rolling Stone*, der mir die Geschichte von dem Tag an zutraute, als sie in den Nachrichten auftauchte. Meinen grandiosen Rechercheuren Ellen Kosuda, Racheline Maltese und James Oberman.

Außerdem möchte ich meinen Interviewpartnern Susan Headley, Lewis De Payne, Ron Austin und Justin Petersen danken, daß sie mir so großzügig ihre Zeit zur Verfügung gestellt haben. Die Techniker und Ingenieure von Sprint Cellular, AT&T Wireless Service und Colorado Supernet beantworteten mir mehr Fragen, als ich zu hoffen gewagt hatte. Zu Dankbarkeit verpflichtet bin ich auch Katie Hafners und John Markoffs Buch *Cyberpunk*, das ich jedem empfehlen möchte, der mehr über Kevins Jugendabenteuer erfahren möchte. Es war mir als Quellenmaterial über Kevins frühe Hackertätigkeiten hilfreich. Für die Einzelheiten aus Richard Feynmans Leben informierte ich mich in James Gleicks Buch *Genius: The Life and Science of Richard Feynman*.

Mein größter Dank gilt schließlich Jon Katz, dessen Freundschaft und Verrücktheit mir durch harte Zeiten half. Und Michele, die liebevoll zu ihrem abwesenden Ehemann hielt, und Lulu, die ungeduldig auf ihren abwesenden Frisbee-Partner wartete.

Gundolf S. Freyermuth

Cyberland

Eine Einführung durch den High-Tech-Underground

288 Seiten. Klappenbroschur

Sie sind die Erben der Computerrevolution: Cyberpunks und Cybernauten, Kryoniker, Cyborgs und Extropianer. Gundolf S. Freyermuth führt uns durch das Land dieser zukunftssüchtigen Cyberianer.

Er lädt uns ein in die Experimentierküchen des digitalen Zeitalters, er macht uns bekannt mit den Propheten und Praktikern des binären Kosmos, mit Cyberpunks, Extropianern und den anderen Clans des High-Tech-Undergrounds, aber auch mit jenen, die über das Internet schlicht ihre Arbeit verrichten – oder ihren Sex. Die Cyberianer planen, uns zu Cyborgs aufzurüsten, zum Homo super sapiens, um so die ererbten Mängel zu beseitigen – inklusive unserer Sterblichkeit.

Man mag dieses Cyberland für eine Märchenwelt halten, aber man kann es nicht länger ignorieren.

Rowohlt · Berlin

Vladimir Arsenijević

Cloaca Maxima

Eine Seifenoper

Aus dem Serbischen von Barbara Antkowiak
128 Seiten. Gebunden

Belgrad im Herbst 1991. Die Exdealerin Andjela erwartet ein Kind. Die Serben bombardieren Dubrovnik und zerstören Vukovar. Andjelas Freund, der Ich-Erzähler, lebt in ständiger Angst vor den Feldjägern. Andjelas Eltern, ordentliche Leute, unterschreiben den Einberufungsbefehl für den Sohn. Lazar, eigenbrötlerischer Hare-Krishna-Anhänger, folgt seinem «Karma» und zieht in den Krieg. Dejan, legendärer Drummer der in ganz Jugoslawien gefeierten Rockband GSG 9, verliert an der Front einen Arm, stürzt sich in ein dubioses Geschäft mit Kinder-T-Shirts und endet durch Selbstmord. Nur Vanja gefällt der Krieg. Er war Sänger in der Band, jetzt ist er bereit, sich als Söldner an den Meistbietenden zu verkaufen.

Sarkastisch und selbstironisch, doch mit unüberhörbarer Verzweiflung beschreibt der junge serbische Autor Vladimir Arsenijević die No-future-Stimmung in der Belgrader Szene. Sie ist dem Lebensgefühl von Jugendlichen in anderen Großstädten der Welt verwandt. Doch in der Balkanmetropole, der «Gebärmutter des Krieges», hält die Gegenwelt aus Drogen, Musik und Esoterik immer weniger stand. Leute gehen weg oder kommen um. Es herrscht die «Paranormalität des Alltags», jenes demoralisierende und schizophrene Leben, das sich mit dem Wahnsinn der Warlords arrangiert.

Rowohlt · Berlin

Jewgenij Charitonow

Unter Hausarrest

Ein Kopfkissenbuch

Aus dem Russischen und mit einem bibliographischen Anhang
von Gabriele Leupold
384 Seiten inkl. Abb. Gebunden

«Ich bin eine Kostbarkeit, mich muß man schützen, du Idiot, und nicht zerschlagen. Es mußten nicht wenige Dinge passieren in der Welt der Kultur und der Welt der Natur, daß ich entstand. Zu mir muß man sich abergläubisch verhalten.»
 Jewgenij Charitonow, heute Kultfigur der russischen Schwulen, war 40 Jahre alt, als er 1981 in Moskau auf der Straße starb. Freunde brachten seinen Tod mit Schikanen des KGB in Zusammenhang. «Unter Hausarrest» nannte er die Sammlung seiner zwischen 1969 und 1981 entstandenen Texte, die er in den Westen schmuggeln ließ – ein Titel, unter dem auch seine prekäre Existenz und ihre ästhetische Ausformung stehen könnten.
 Erst 1993 konnte der Nachlaß zu Lebzeiten in Moskau erscheinen. Formstrenge Erzähltexte wie Experimente, die der konkreten Poesie nahestanden, lyrische Blödeleien wie philosophische Miniaturen zeigen uns einen spätrömischen Aristokraten, einen ästhetischen décadent, der sich ins Land der Sowjets verirrt hat und all jene Vorbeben aufzeichnet, die den Untergang eines Weltreichs ankündigen.

Rowohlt · Berlin

Marianne Gronemeyer

Lernen mit beschränkter Haftung

Über das Scheitern der Schule

208 Seiten. Gebunden

Die Frage, ob die Schule noch zu retten sei, hat Konjunktur. An Vorwürfen, Erneuerungsappellen und Reformratschlägen herrscht kein Mangel. Dabei wird stets so getan, als ob die Schule als Bildungsinstitution unentbehrlich sei. In Wahrheit ist von «Bildung» auffällig wenig die Rede, statt dessen von einer lernverdrossenen und zu Gewalt neigenden Jugend, an der sich der Mangel an Erziehungsmut offenbare, von zur Beamtengesinnung neigenden Lehrern, die sich in Krankheit und Frühverrentung flüchten, sowie von einem Modernisierungsrückstand der Schule insgesamt, der es aussichtslos erscheinen läßt, daß sie den Anschluß an die Informationsgesellschaft noch erreichen könne.

Die Misere der Schule ist hingegen keineswegs das Resultat solcher «Fehlentwicklungen». In ihrem fulminanten «Nachruf» auf eine geistlose Institution macht Marianne Gronemeyer deutlich, daß die Schule an ihren inneren Widersprüchen krankt: Sie soll Bildung verbreiten und zugleich knapphalten; sie soll Chancengleichheit gewähren und Ungleichheit produzieren; sie soll soziale Tugenden vermitteln und auf den Konkurrenzkampf vorbereiten. An derart widersprüchlichen Aufträgen kann man nur verrückt werden oder zugrunde gehen.

Rowohlt · Berlin